让PPT更有逻辑更有说服力

学术型PPT

陆长淼［著］

電子工業出版社
Publishing House of Electronics Industry
北京·BEIJING

内 容 简 介

本书是一本集高效思维与可视化为一体的学术型PPT演示图书，可帮助学术研究者、高校学生和科研机构的工作人员更轻松地掌握学术型PPT的制作精髓。

本书针对学术型PPT的制作提供了一套完整、全面的PPT设计规范，涵盖内容逻辑、版面设计、动画制作、演讲录制、项目实操等多个方面，旨在从多角度出发，重点突出、层次分明、有理有据地进行体系化表达和演绎，帮助读者轻松地呈现高质量、有逻辑的内容。通过本书案例的直观示范，以及案例制作前后的对比讲解，搭配系统的基础操作视频，读者可以更好地学习PPT的制作。

图书在版编目（CIP）数据

学术型PPT ： 让PPT更有逻辑更有说服力 / 陆长淼著.
北京 ： 电子工业出版社，2025. 1. -- ISBN 978-7-121
-49472-7

Ⅰ. TP391.412

中国国家版本馆CIP数据核字第2025PA9103号

责任编辑：张慧敏
文字编辑：戴　新
印　　刷：河北迅捷佳彩印刷有限公司
装　　订：河北迅捷佳彩印刷有限公司
出版发行：电子工业出版社
　　　　　北京市海淀区万寿路173信箱　　邮编：100036
开　　本：720×1000　1/16　印张：13.25　　字数：233.2千字
版　　次：2025年1月第1版
印　　次：2025年3月第2次印刷
定　　价：89.00元

凡所购买电子工业出版社图书有缺损问题，请向购买书店调换。若书店售缺，请与本社发行部联系，联系及邮购电话：（010）88254888，88258888。

质量投诉请发邮件至zlts@phei.com.cn，盗版侵权举报请发邮件至dbqq@phei.com.cn。

本书咨询联系方式：faq@phei.com.cn。

前言

对于科研机构的工作人员来说，使用PPT可以将复杂的学术概念和数据信息更加直观、简洁地展现出来，达到高效传达、生动展示、深度分析和精准表述的效果。不管是沟通交流、传达信息，还是成果展示，一份出色的PPT都能充分地展示制作者的思维逻辑、分析能力和创造性思维！

在日常工作中，我们可能经常遇到这样的情况：杂乱无章的口头表达和文字表达，导致沟通或演讲效果差、效率低下。

不懂得思考的人，说话做事找不对方法，抓不住重点和关键，效率低下。纵使读再多的书、学再多的课程也只是“高分低能”。

究其原因，是缺乏统一的思维模式，表达方式和解决问题的思路不一致，说话没有逻辑或思维混乱，不能清晰准确、简明扼要地下达指令、阐述问题、推进执行。

作为演示设计师和培训师，笔者曾多次参与设计学术奖项申报、互联网创新创业大赛等项目的PPT，至今，累计参与设计国家科技奖PPT超80项、省部级和军队奖PPT超120项、人才奖励PPT超200项，并且在项目实践中与众多双一流高校、科研院所建立了长期稳定的合作关系。

这些成绩的背后，是笔者对结构化思维演示理念的深入理解和实践。通过运用这些理念和方法，笔者能够更加清晰地梳理思路，更准确地传达信息，更有效地与团队成员和客户进行沟通。

本书将结构化思维演示原理和方法运用于每一个知识点中，如果本书能使读者在制作PPT的过程中体会到更多的乐趣，笔者将感到非常荣幸。

本书适合职场人士、科研机构的工作人员、在校学生及其他希望提高自身思考能力的读者阅读。

- 学会系统性思考，让思维更加清晰和缜密。
- 打破职场瓶颈，让技能更具有应用潜力。
- 通过结构化分析问题，让工作策略更有效。
- 摆脱传统思维模式，让创意更新颖。

希望本书能够帮助读者提高发现问题和分析问题的能力，快速抓住问题的本质；有条不紊地处理各种复杂问题；改变跳跃式思维，考虑问题具有思维深度和洞察力。

在这里，笔者要郑重地感谢张慧敏老师，是她提出了很多宝贵的意见，使得笔者不断打磨内容，最终成就本书。

现在，笔者要把自己十四年的PPT职场经历、上百场企业培训精华、上千个高端定制项目经验，以及独家设计心得，通过这本书全部分享给读者。

陆长淼

目录

第 1 章

学术型PPT的特点

科 学 严 谨 的 思 维 模 式

1.1 什么是学术型PPT

顾名思义，学术型PPT是一种专门为学术交流、报告、研讨会等场合设计的演示文稿。

学术型PPT以严谨、专业、科学的内容呈现方式，向观众立体化、全方位展示学术观点、研究成果或理论等内容。它作为一种信息传递工具，不仅推动了知识的有效传播，还促进了学术的交流与合作。

学术型PPT的应用场景相当广泛，并不局限于高校教师与学生的学术研究汇报，更在国家设立的各类学术奖项申报过程中起到了重要作用。

为了激励学者积极投身自主研发和创新研究，国家设立了一系列的学术奖项。例如，国家自然科学奖、国家技术发明奖、国家科学技术进步奖、军队科学技术进步奖，并设立了国家杰出科学青年基金、四青人才等荣誉，以此来鼓励和支持优秀的科研工作者。

为了获得这些奖项，申请者需要进行详细的成果汇报。在这个过程中，利用PPT工具来展示研究成果成为绝大多数科研工作者的首选。

利用PPT将大篇幅专业晦涩的学术研究内容按照一定的逻辑结构进行组织，通过分页、标题、列表等方式，将信息分割成块，再利用设计思维美化，从而将内容以简单直观、清晰生动的方式展示出来。

学术型PPT主要包括演说型PPT和阅读型PPT

演说型PPT适用于学术演讲、研讨会等场合，它需要配合演讲者的口头表述，通过视觉元素、图表和动画等手段，帮助演讲者更好地传达观点和研究成果。这种PPT的页面设计更注重简洁明了、重点突出，以便观众能够快速理解和接收信息。

而阅读型PPT适用于学术论文、报告等使用书面材料的场合，它需要提供详细、完整的研究内容和成果，以便读者能够深入了解和掌握研究情况。这种PPT的页面设计更注重内容的逻辑性和条理性，以便读者能够轻松阅读并理解材料。

当然，无论是演说型PPT，还是阅读型PPT，都需要注重内容的准确性、可靠性和逻辑化表达。

1.2 学术型PPT的三大特点

学术型PPT与我们常见的商业化PPT不一样，它在内容上具有高度的学术性和专业性，在形式表达上呈现出清晰、简洁和高度规范化的特点。

内容专业化：学术型PPT包含大量的学术信息，如研究背景、研究目的、研究方法、研究结果和结论等，这些信息都基于严谨的学术研究和实验数据，具有很高的学术价值和很强的专业性。

视觉清晰化：简洁、规范的设计是学术型PPT的一大特点。

学术型PPT的内容本身比较复杂，虽然需要使用图表、数据等视觉元素来辅助说明，但视觉设计应保持简洁，避免过多的装饰和动画效果。这样可以确保观众将注意力集中在内容上，保证信息的准确传达。

除此之外，在设计PPT时还需要遵循一定的规范和标准。例如，图表的设计需要遵循学术界通用的规范，如数据标注、图例说明等规范；文字的排版也需要遵循一定的字体、字号和行距等标准，以确保阅读的舒适性和准确性。

思维结构化：由于具有极高的专业度，因此学术型PPT更注重内容的逻辑性和条理性。

利用结构化思维方式，将研究内容合理地划分为独立单元，使版面区域清晰明了，再根据逻辑进行排列组合，构建出一个结构严谨的有机整体，是学术型PPT设计的重要思路。

以研究成果汇报PPT为例，常采用“总一分一总”的表达结构。首先概述研究背景和目的，使观众有一个宏观认知，然后深入剖析研究方法和结果，以数据、图表等形式展示具体细节，确保信息的准确性和可理解性，最后总结研究意义，强调学术价值和实际贡献。

结构化思维在组织信息、厘清逻辑及PPT视觉效果呈现上具有重要作用，除了能让信息呈现得更加条理分明，还可以让观众更容易理解和记忆。

为了更好地应用结构化思维制作PPT,我们提出了“结构化思维演示”。

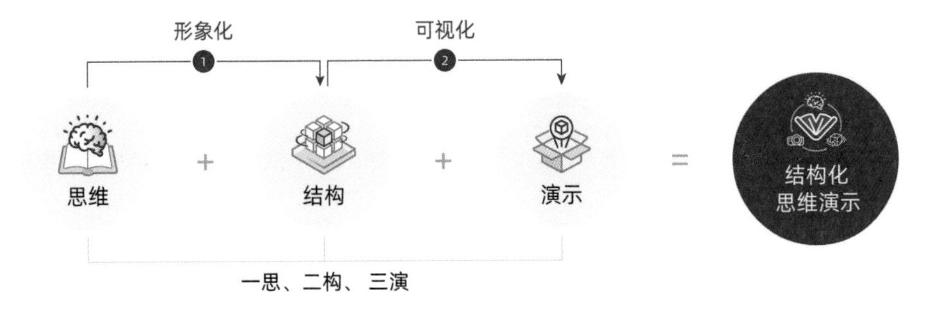

思维

思维是人类所具有的高级认知活动，是对新输入的信息与脑内储存的知识经验进行的一系列复杂的心智操作过程。

结构

结构是对各个组成部分进行搭配和排列。

演示

演示是利用实验、实物或图表，把事物的发展变化过程展示出来，使观众有所认识或理解。

结构化思维演示

将信息在人脑中有序搭配和排列，再通过合适的方式和工具，把信息更加直观地展示出来，达到令观众更深入地理解和把握信息的核心目的。

形象化

在文学和艺术创作中，“形象化”指的是通过生动的描绘和具体的形象，使读者或观众能够直观地感受到作者想要表达的情感、思想或场景。

可视化

可视化是利用计算机图形学和图像处理技术，将数据转换成图形或图像并在屏幕上显示出来，再进行交互处理的理论、方法和技术。

结构化思维演示，首先是一种思维方式，其次是一种演示方法。将抽象的事情或内容加以归纳和整理，使之条理化、纲领化，做到纲举目张。

结构化思维演示可以使表达更清晰，演示更有张力，让观众更快地吸收新知识。

记忆习惯

每个人都有自己的一套记忆习惯，如记手机号码，11位数字通常会被分成三种结构进行记忆。

18911591426 ➡ **189-11591-426** 第一种：3-5-3结构

18911591426 ➡ **189-1159-1426** 第二种：3-4-4结构

18911591426 ➡ **189-115-91426** 第三种：3-3-5结构

笔者的记忆习惯是第二种，它更符合大脑记忆逻辑，并且更押韵。

18911591426 ➡ 189-1159-1426

押韵 押韵

就像这组数字，大多数人使用第二种和第三种记忆方法，数字与数字之间有清晰的逻辑和结构。第一种记忆方法在某些情况下也被人采用，如下面的数字：

18011111656 ➡ **180-11111-656**

任何事情都不是绝对的，而是会根据事物的变化而变化。在一些情况下，学会改变自己的记忆习惯，会得到意想不到的结果。

困惑和方法

有时我们在解决问题、进行决策的时候，脑子里一团乱麻，很多点子迸发出来，却不能形成一个完整的解决方案，得出一个理性的选择。这种状态持续时间长了，大脑就会崩溃，往往没等问题解决就已经开始拒绝思考。

将零散和复杂的信息变成适合大脑处理的信息。

第一，将信息极简化。信息太多会让大脑负荷过重，应当去除无用信息，留下有用信息。

第二，将信息条理化。将大脑接收到的信息进行归类。

第三，将信息规律化。我们在解决问题、面临选择，以及和别人沟通的时候，可以构建一个框架，把所有想法放进去，再通过合适的呈现方式将构建好的框架展示出来，就能大大减轻大脑的负担，这样更容易解决问题。

没有逻辑，再精美的画面也不能传达问题的本质

对于刚入职场的新员工，很多企业都会要求其具备沟通能力、逻辑思维能力、执行能力，这些能力都是结构化思维的一部分。思考全面才能诠释清楚，结构完整才能逻辑清晰，发现问题才能解决问题。所以，结构化思维演示对于团队合作与沟通，对于发现、分析、解决问题，至关重要。

在笔者作为设计师的职业生涯前期，往往因为注重画面精美，忽略了内容间的逻辑关系，设计出的东西没有灵魂，返稿率高。后来笔者发现，只有将结构捋清楚，才能演示既准确又精美的画面。

因此，对于职场人士或即将步入职场的朋友来说，需要进行有意识的持续训练，才能够培养这样的思维方式和思维习惯。俗语说，“好记性不如烂笔头”，纸和笔是训练结构化思维的最有力工具。在此，笔者极力推荐读者多使用思维导图，这是将思维快速形象化的最好方法。

了解一种思维很简单，怎样将训练思维的方法具体化并有效输出才是最核心的。

结构化思维演示，演讲者更有逻辑，倾听者更易理解

笔者长期服务大型企业发布会、年会和峰会，对从策划到设计、从逻辑到结构、从思维到结果的思维方法烂熟于心。特别是在和客户沟通文案时，能快速将客户的想法或描述的文字可视化、结构化，做到心中有数，胸有成竹。

笔者曾经有一位客户，他希望将口述的内容设计成一份五页的对外宣讲PPT。客户经理和他对接了半个小时，理解不了他想要的画面。将文字转换成结构需要一定的时间，随着描述的内容越来越多，逻辑结构就越来越复杂，加上口述者表达混乱，倾听者就会感到困惑，这很正常。

笔者介入后，让他先把所有内容画成多个结构图，然后拿图沟通，这样省去很多将文字转换成结构的时间。十分钟不到，所有内容沟通完毕，完成的PPT作品也是一稿过。虽然客户画的草图较为粗糙，但是观看的人却能对他想表达的内容一目了然。

1.3 结构化思维演示的重要性

任何媒介或技术的“讯息”都是其内在逻辑和外在形式的综合体现，通过特定的符号系统传递着特定的信息和意义。这些媒介或技术通过不同的方式和手段，将信息以直观、生动、有趣的形式呈现出来，帮助人们更好地认识和理解世界。

交通工具为我们拓展了距离上的新可能，而结构化思维演示则拓展了交流方式的新可能。内容形式的多样化展示，可以帮助演讲者更好地表达内容。

读者不妨回想一下，在没有使用PPT时，我们的会议沟通形式是怎样的。阅读打印的文档，看晦涩难懂的文字，听演讲人的讲述……

而现在，我们将晦涩的文字转换成可观看的图形化内容。随着技术的不断发展，相信演示方式会继续革新，从而更好地服务商业应用。

PPT作为演示媒体，具有高参与度。它将画面和音频等内容相结合，通过刺激观众的视觉与听觉，吸引其注意力，并结合演讲者的讲述，更利于观众接受演讲内容。

同时，PPT自带结构模式。较为普遍的结构模式为叙述型，分为封面、目录、跨页、内页和封底几个部分，各个部分依次展示。图表和结构图等使逻辑结构的展示方式变得多元化。

下面的案例是结构化的完美呈现

- 主题鲜明，观点突出。

精心提炼观点，观点数量尽量控制在3~4个。布局合理，画面中的内容排布全部围绕中心观点，从而使观点的论述更有力。

- 条理清晰，引起共鸣。

将内容嫁接在可视化的图片、图表、结构图上，使得PPT逻辑更清晰，汇报更生动，能够让观众快速领会演讲者的意图，容易引起共鸣，将结构化演示的作用发挥到最大。

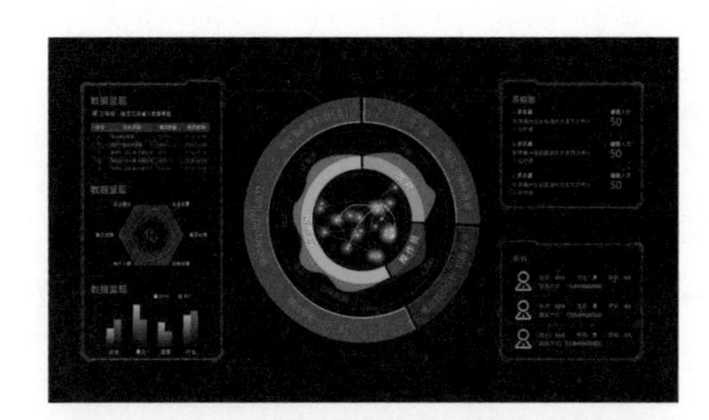

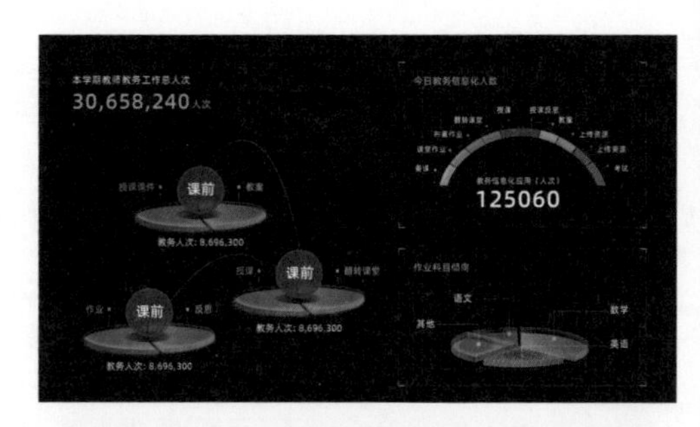
本学期教师教务工作总人次
30,658,240人次
今日教务信息化人数
125060
课前
教务人次: 8,696,300
课前
教务人次: 8,696,300
课前
教务人次: 8,696,300
作业科目结构
语文
数学
其他
英语

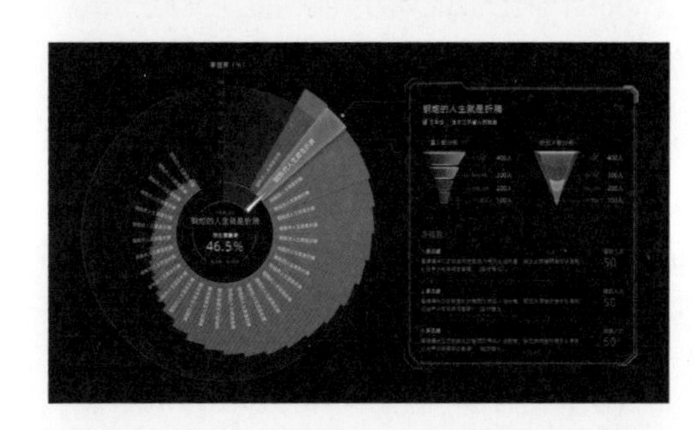
46.5%

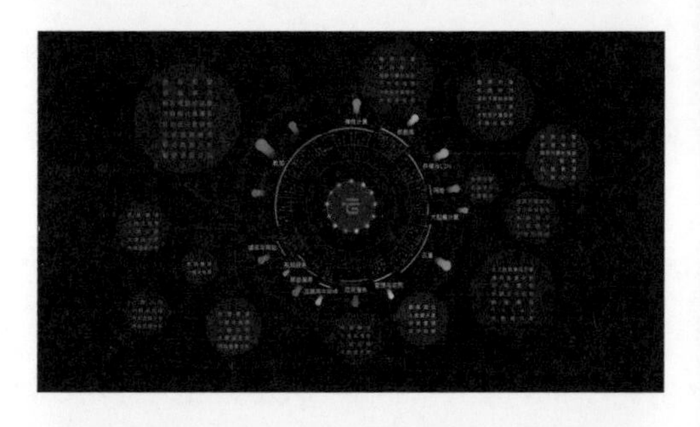

智能音箱
其他
资源
服务示例

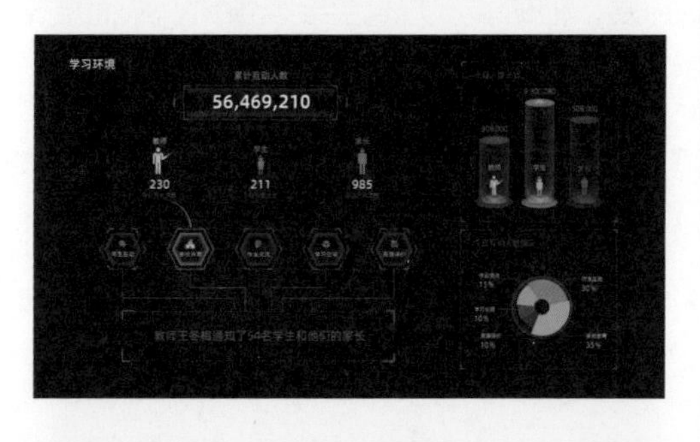
学习环境
累计在线人数
56,469,210
230
211
985

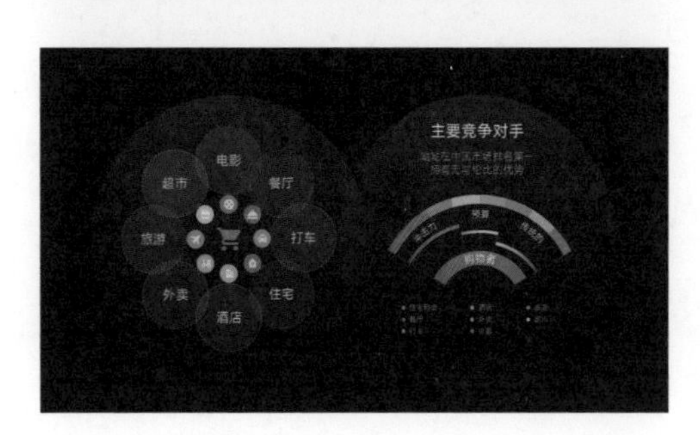
电影
超市
餐厅
旅游
打车
外卖
住宅
酒店
主要竞争对手
购物者

新闻
中国最受欢迎的新闻订阅应用
1.2亿
DAU
13亿篇
文章阅读
最新
标题信息
关键
优势
76分钟
每天使用
7亿
注册用户
2.32亿
月度活跃用户

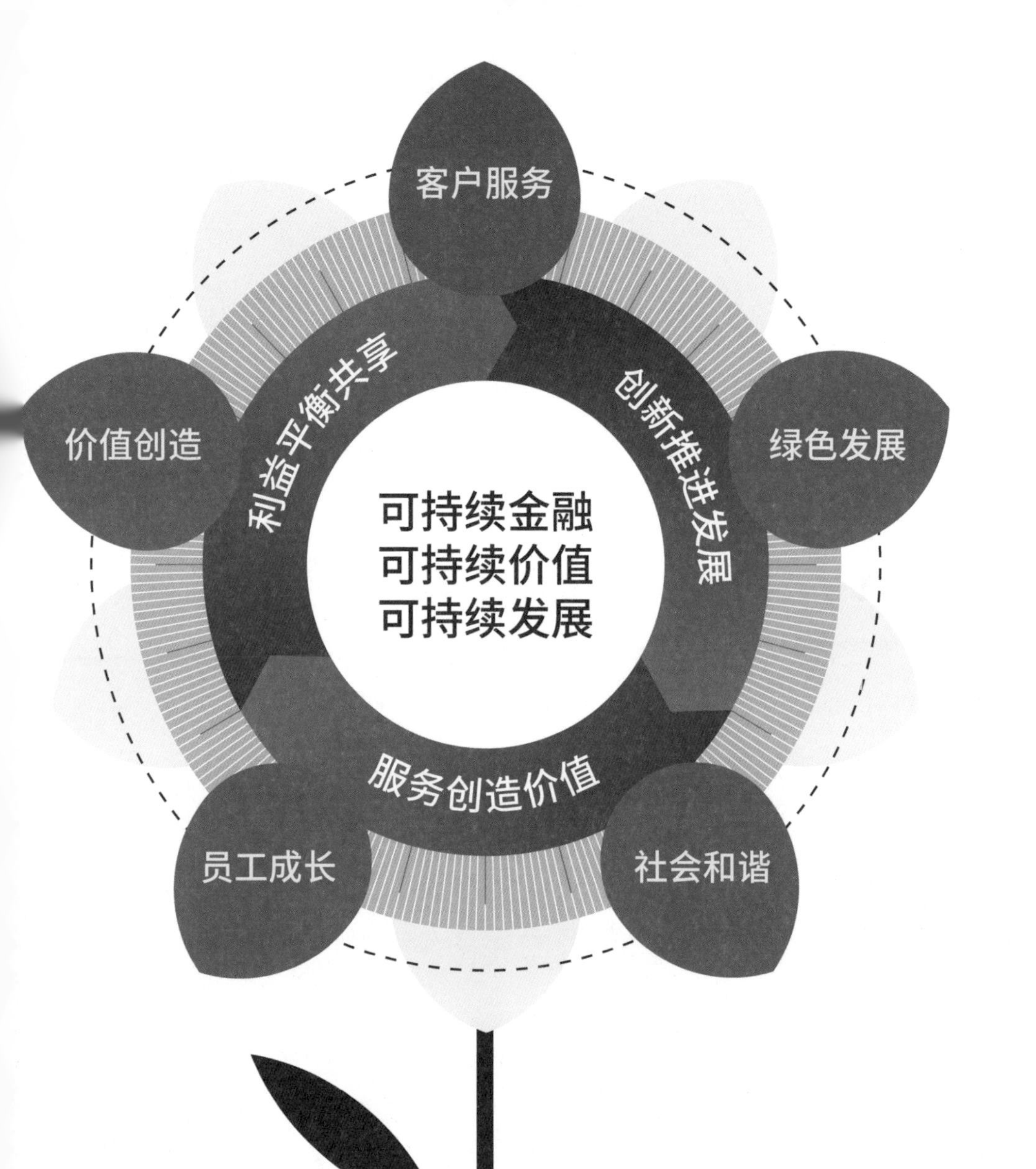

向日葵追逐阳光，象征着健康、快乐、有活力、积极的人生和积极的心态。

将内容嫁接到向日葵花形的结构上，寓意企业意志坚定、不畏艰难、勇往直前、积极乐观。

智慧不仅仅存在于知识之中，而且还存在于运用知识的能力中。

——亚里士多德

第 2 章 内容逻辑

探索逻辑思维的魅力

2.1 内容设计之“三招六式”

文案处理能力可以说是职场的一项必备技能，更是做好PPT的前提条件。然而，多数人并不是专业的文案人员，更不是专业的设计人员，因此对文案的处理并没有那么得心应手，尤其是在面对大段文案时常常不知所措。

从文案的角度出发，在写文案之前，先要了解客户或自己的需求是什么，抓住核心要点。然后基于这个核心要点，以及对观众的洞察，规划这篇文案的切入点，并明确这篇文案要达成的目的。有了明确的目的之后，文案中的所有元素都要围绕这个点去推进、去深入。我们应将文案分成很多小的版块，以一种有条理的方式将其贯通起来，形成清晰脉络，达到最终目的。最后，我们要选择合适的表现形式，凸显文案的核心。

从PPT的角度来看，若将文案放进每一页PPT中去展示，则需要把文案的一个核心主动拆解成数个核心，每个核心又对应着数个重点内容，我们要让每一页PPT都只有一个核心，这样每一页对相应核心的论述将更加充分有力、逻辑清晰。

每个人的表达能力与理解能力都是不同的，当一方表达或理解有误时，就会出现信息不对等的情况。笔者曾经有一位客户，草图画得不够清晰，他想表达的是递进关系，设计师理解成了并列关系。文案的逻辑关系看错了，导致页面布局也跟着出错。

很多人认为将PPT做得好看是“王道”，但这是建立在好文案的基础上的。形式服务于内容，千万不要将内容嫁接到错误的形式上，这样只能适得其反。因此，在做PPT之前，需要反复构思自己的文案，确认无误后再开始设计，这样才能事半功倍。

在面对大段文案时，千万不要担心处理不好，本书将教会读者将文案结构化，通过三招（定核心、定逻辑、定形式）六式（划版块、分层次、抓重点、捋关系、绘草图和做美化），难题将迎刃而解。

下面的PPT页面是客户提供的原始PPT页面。

原始PPT页面的问题如下：

难以激发阅读兴趣：主题不够鲜明，无法迅速激发观众的阅读兴趣。

太过费时：观众无法在短时间内迅速领会主要内容，需要花大量的时间去消化和理解。

难以形成共鸣：整体脉络不够清晰，不利于观众更好地领会编者意图，很难形成共鸣。

生物医学工程

➢ 发展目标　通过技术创新和进步，解决当前医疗领域所面临的挑战，提高医疗服务的质量和效率

生物医学在设备和技术层面的发展目标

医疗设备
➢ 生物传感器
➢ 成像设备
➢ 智能手术机器人

设备技术

建模仿真
➢ 计算机仿真
➢ 数学建模
➢ 建模语言

安全性　精准度　可靠性

提高诊断精度、提升医疗设备的安全性

生物医学工程

➢ 研究发展目标：改善人类健康状况，提高医疗质量，并推动医学科学的进步

医学研究
新理论
➢ 深入研究生命的本质和疾病的起源
➢ 提供疾病的预防和治疗的理论基础
第一阶段

建模仿真
新技术
➢ 模拟心脏跳动、血液循环、药物代谢等过程
➢ 揭示生物体内的复杂机制
第二阶段

药物研发
新药物
➢ 研究新型的药物输送系统
➢ 实现对特定组织和细胞的精准治疗
第三阶段

医疗设备
新设备
➢ 设计与优化各种医疗设备
➢ 提高医疗诊断和治疗的准确性和效果
第四阶段

初级　打基础

高级　重研发　应用

下面是经过处理后的PPT页面，有如下优点：

重点突出——有力量感；信息凝练——有说服力；脉络清晰——有逻辑性。

试想一下，如果拿着原始PPT给领导或客户看，对方能满意吗？

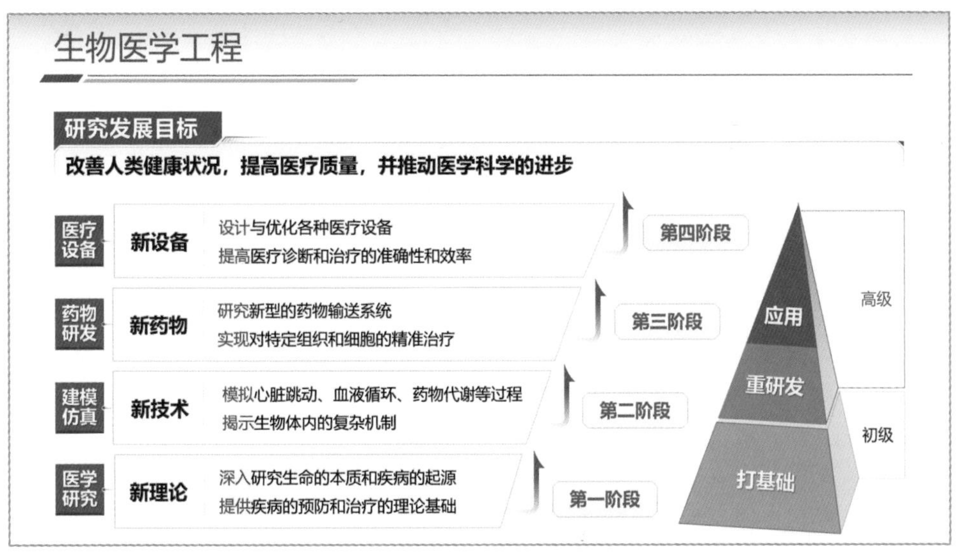

从“文案梳理”到“可视化呈现”的具体招式

一共有三招，这是一个循序渐进的过程。每一招都可拆解成两式，一共三招六式，式式有用，可以处理文案方面的诸多难题。我们只要严格按照“三招六式”设计法则去做，就能让PPT文案焕然一新，既有逻辑，又有力量。

定核心

第一招

要有效传达信息，必须找到文案的核心，围绕核心层层拆解，让文案变得通俗易懂。

定逻辑

第二招

信息之间通常存在包含、并列、递进等逻辑关系，将其中的逻辑关系明确展示出来，才能使受众更好地理解信息之间的逻辑层级。

定形式

第三招

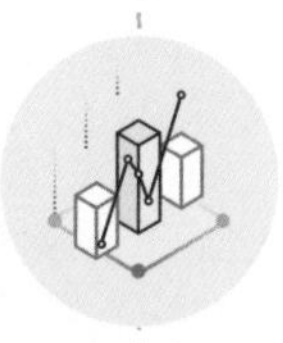

在明确信息内容后，需要进行视觉呈现。将文字制作（转换）成生动的可视化元素，使内容更吸引人，让观众更愿意观看。

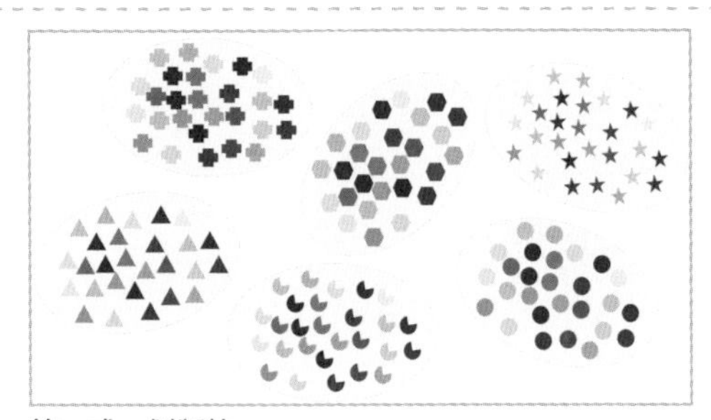

第一式：划版块

按照同一维度（如事实、理由、结论）将文案内容进行分类，划分版块。

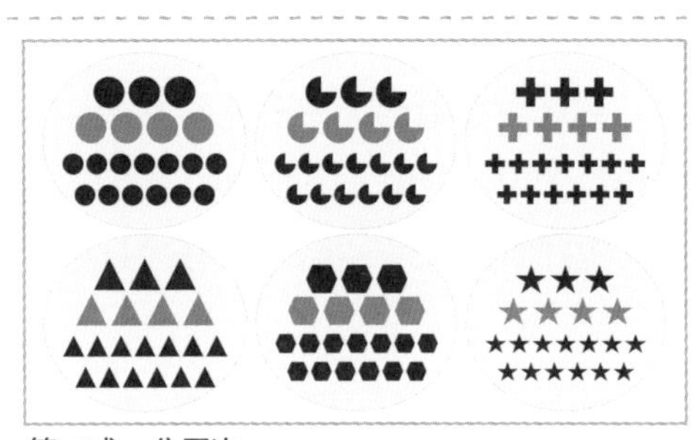

第二式：分层次

将每个版块的内容按照一级、二级、三级和四级等层次进行归类分组。

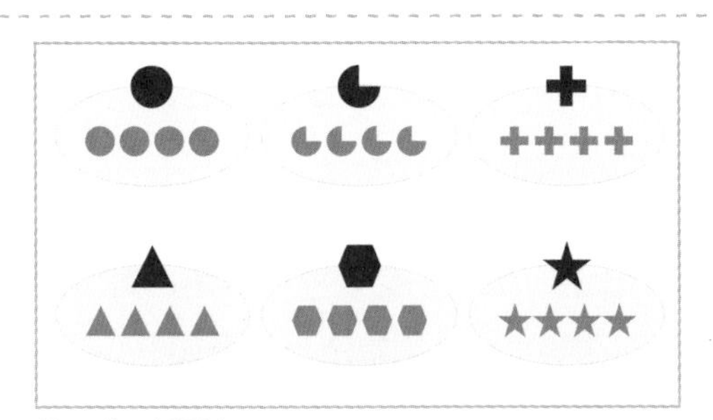

第三式：抓重点

对归类内容进行删减，找出每句话的重点并做精简处理，确保语句完整。

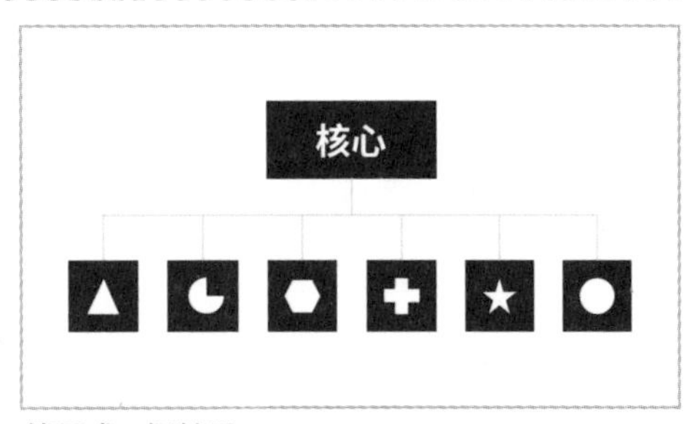

第四式：捋关系

将精简后的内容进行逻辑关系梳理，确定它们是包含关系、并列关系还是递进关系，方便观众/客户快速理解内容。

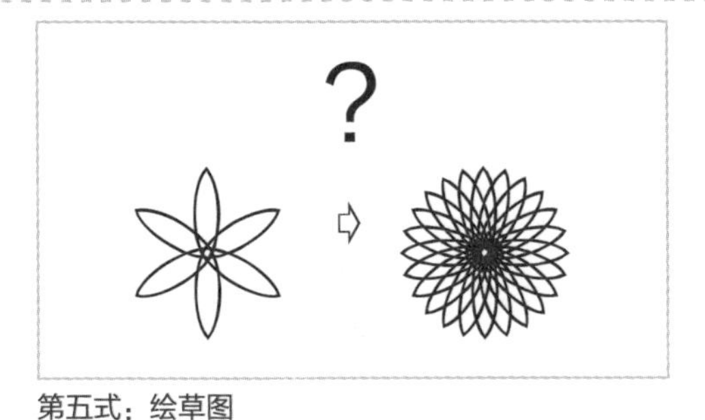

第五式：绘草图

根据确定后的逻辑关系，高效绘制一个或多个可视化的草图结构（如花朵、树苗等）。

第六式：做呈现

用电脑绘制草图，对文字、配色、版面和元素进行有序且艺术性的编排。

2.1.1 第一招：定核心

将文案结构化的第一招——“定核心”，分为划版块和分层次两式。

先对大段文字进行文本分类，再对分类内容进行主次区分。

第1式：划版块（信息更明确，传播更有效）

划版块是指将大段的文字从类别、功能、属性等不同的维度进行分类，将同一维度的内容分为一类。例如，将总述分为一类、分述分为一类、阐述事实分为一类、挖掘原因分为一类、叙事分为一类、抒情分为一类等。

划版块之后，文字之间就有了明显的界限，而不是整段“黏”在一起，让人不知所云。观众可根据版块的划分进行阅读，使传播更有效。

下面举一个例子。

假设母亲让我们去买一些食材。

有鸡蛋、鲫鱼、西红柿、排骨、基围虾、土豆、大蒜、红辣椒、八角、黄瓜、花椒、茄子、肉、青椒、冬瓜、西瓜、香蕉、苹果等食材。原始PPT页面如下。

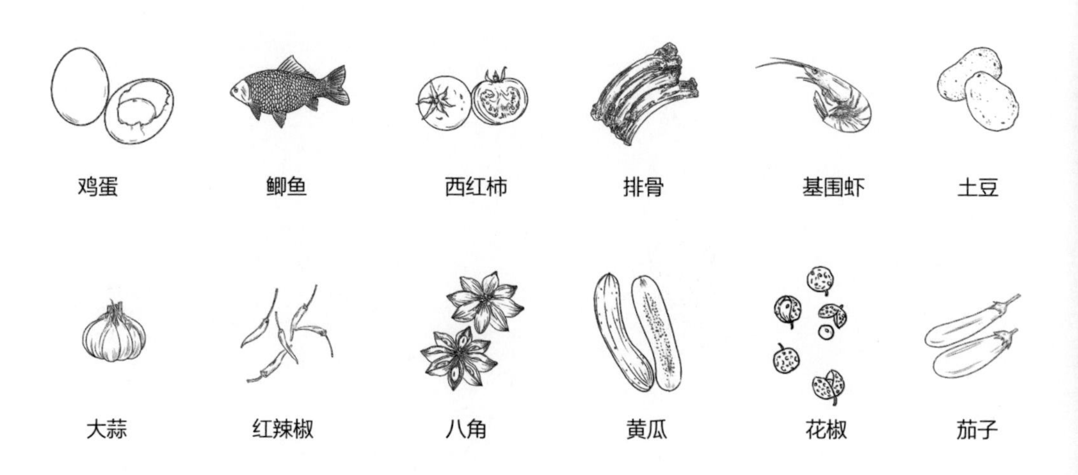

肉

青椒

冬瓜

西瓜

香蕉

苹果

我们想要将这些繁多又缺乏联系的食材全部买回来，需要借助手机备忘录或随身笔记本才能买全。

对于食材的记忆，我们可以借助工具，但如果这是一大段晦涩难懂且要展示在屏幕上的文字呢?

想要记下所有的观点，需要一个提词器，或者像PPT 页面一样，将所有信息和图片堆积在页面上。

要记住这么多没有关联的食材，又没有“工具”的帮忙，我们该怎么办?

这时候我们就需要用到文本分类的方式。

下面我们将食材用文本归类的方式展现出来。

按照食材的属性分类，信息更清晰 。

分为以下几类：

水果类：苹果、西瓜、香蕉（3个）。

辅料类：大蒜、红辣椒、八角、花椒（4个）。

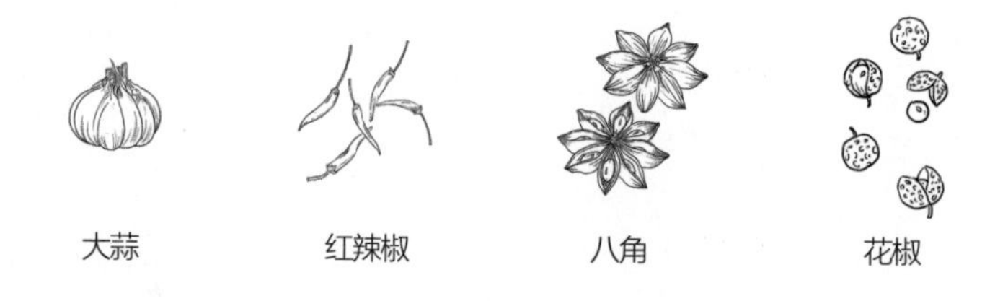

蛋白质类：鸡蛋、鲫鱼、排骨、基围虾、肉（5个）。

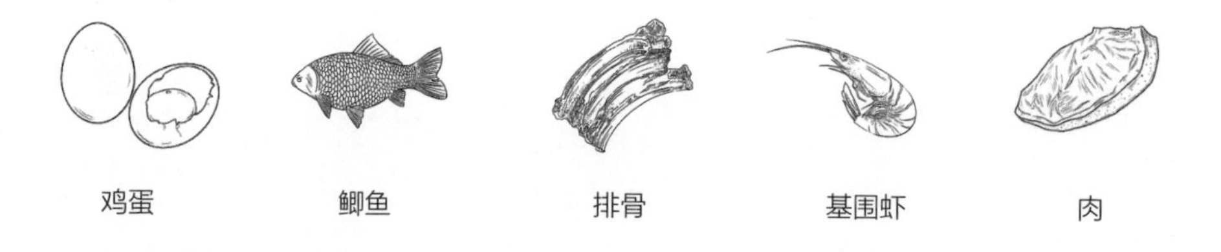

蔬菜类：西红柿、土豆、茄子、青椒、冬瓜、黄瓜（ 6 个）。

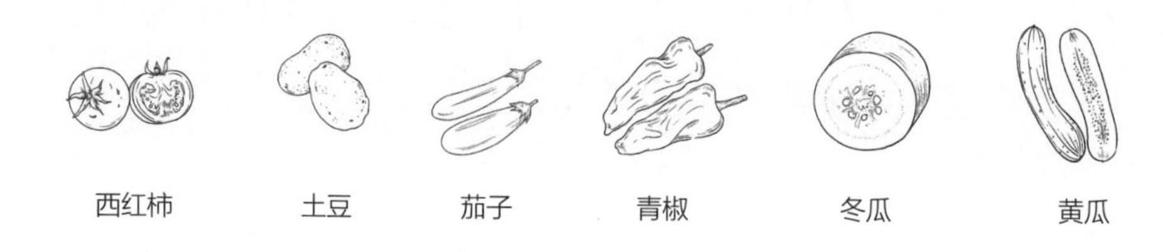

通过分类，信息更加清晰明了。

水果类有 3 个食材，辅料类有 4 个食材，蛋白质类有 5 个食材，蔬菜类有 6 个食材。

一共 18个食材。

在结账的时候，我们可以数一下购物车中的食材数量，如果发现不够18个，就可以按照分类再次进行梳理。

试想一下，若我们不对这些食材进行分类归纳，单纯靠记忆补全未购买的食材，那么这明显是一件不容易的事情。

这种分类方式，可以帮助我们高效记忆，也可以帮助观众更快地了解信息。

案例：版块如何划分

客户PC业务

首先，要加强县级节点客户和地市级重点客户覆盖。去年我们新增县级渠道980家，县级市场覆盖率达到90%，初步建立起纵深市场的“作战”地图。通过优化销售经理、IS和服务商配合机制，实现市场份额占比超过36%。我们在县级节点客户信息完备率超过91%。这一举措的落实，为我们未来在纵深市场的发展打下了基础。

其次，保持现有产品领导地位，提升订单占比。3个季度下来，我们备货占比由原来的54%降为47%，中小订单占比由36%提升至66%。在关键的50个项目中，涉及项目台数为41万台，赢单率为92.3%。同时进行统一的营销管理，价格协同，在3~6级市场形成合力。这一举措的落实，保障了业务的良性运作，稳固了大客户桌面产品的领导地位。

最后，优化渠道建设，提升体系竞争力。我们通过配备资源，拜访服务商和客户超过2000站。通过实施新的经销商分级和积分制度，签约经销商达到6500家，激活率达到87%的高水平。举办客户沙龙、创新之旅等大型客户活动315场。同时，我们非常重视合作伙伴的能力建设，共举办服务商售前培训、百城讲堂、总经理特训营346场，参训人员达到8820人次。这一举措的落实，提升了客户PC渠道体系的专业能力，竞争力得到大大加强。

TIP：

在左侧的案例中，我们看到密密麻麻的文字，却不知道重点在哪里，以及这段文字究竟想要表达什么。

观众在短时间内无法了解信息内容，也就没办法和演讲者产生互动、共鸣。

对此问题，结合前面的食材案例，我们运用文本分类的方法将其分类。

客户PC业务

首先，要加强县级节点客户和地市级重点客户覆盖。去年我们新增县级渠道980家，县级市场覆盖率达到90%，初步建立起纵深市场的“作战”地图。通过优化销售经理、IS和服务商配合机制，实现市场份额占比超过36%。我们在县级节点客户信息完备率超过91%。这一举措的落实，为我们未来在纵深市场的发展打下了基础。

其次，保持现有产品领导地位，提升订单占比。3个季度下来，我们备货占比由原来的54%降为47%，中小订单占比由36%提升至66%。在关键的50个项目中，涉及项目台数为41万台，赢单率为92.3%。同时进行统一的营销管理，价格协同，在3~6级市场形成合力。这一举措的落实，保障了业务的良性运作，稳固了大客户桌面产品的领导地位。

最后，优化渠道建设，提升体系竞争力。我们通过配备资源，拜访服务商和客户超过2000站。通过实施新的经销商分级和积分制度，签约经销商达到6500家，激活率达到87%的高水平。举办客户沙龙、创新之旅等大型客户活动315场。同时，我们非常重视合作伙伴的能力建设，共举办服务商售前培训、百城讲堂、总经理特训营346场，参训人员达到8820人次。这一举措的落实，提升了客户PC渠道体系的专业能力，竞争力得到大大加强。

TIP：

第一步：完成内容版块的划分。

先将大段的文字分成多个版块，再对每个版块的内容进行详细的分析。

通过细心观察可以找到表达逻辑先后关系的三个关键词：“首先”“其次”“最后”，因此可以将大段文字分为三个版块。

第2式：分层次（条理更清晰，内容更具体）

分层次是指根据内容在结构方面的等级次序，将重点内容按照一、二、三、四、五的层次划分，确定内容的主次区别，这样方便我们对不同层次的内容进行编组。不同层次的内容具有不同的性质和特征，它们既有共同的规律，又有各自的特殊规律。

分层次是在划版块基础上的进一步升华，使得文字内容隐含的层次关系更加明朗，层次界限感更加分明，文章条理更加清晰。

很多人或许会有这样的疑问：在沟通中，为什么无法理解对方的重点？不仅是因为每个人的理解能力有所差别，而且因为文字内容的层次关系是隐性的，给人们造成了阅读障碍。因此，梳理文字内容的隐性关系尤为重要。

从内容上看，分层次的关键在于根据文章的核心主旨进行拆分。任何文章的核心都可概括为What、Why、How，即是什么、为什么、怎么样。显而易见，这段文字的核心是怎样做好客户PC业务，因此客户PC业务为这段文字的核心主旨，我们可以将其定义为一级标题。

文字内容之间的层次关系是隐性的，我们要善于抓住某些标志性词语，进行穿针引线，从而将隐藏的层次关系梳理出来。一段文字，其结构的整合和思路的推进，往往由标志性词语来连接，找到这些词语，我们就能清楚地划分文章的结构层次。

本案例的标志词为“首先”“其次”“最后”，以此可将这段文字初步分为三个层次，并抽取出二级标题。围绕“首先，要加强县级节点客户和地市级重点客户覆盖”这个分论点，又可进一步拆分，从而得到三个三级标题。

综上，标志词串联法可以帮助我们梳理文字内容之间隐含的层次关系。

一级标题 ←	**客户PC业务**
二级标题 ←	**首先，要加强县级节点客户和地市级重点客户覆盖**
三级标题 ←	▶ 去年我们新增县级渠道980家，县级市场覆盖率达到90%，初步建立起纵深市场的“作战”地图
三级标题	▶ 通过优化销售经理、IS和服务商配合机制，实现市场份额占比超过36%
三级标题	▶ 我们在县级节点客户信息完备率超过91%
总结 ←	**这一举措的落实，为我们未来在纵深市场的发展打下了基础。**

我们也可以借助正确的方法或工具，让隐性层次显性化，这样更有助于分清层次。

- 当文字中出现诸如“首先”“其次”“最后”这类表示逻辑关系的关键词时，可以在上面进行标注，帮助快速划分层次。
- 运用思维导图的方法，将内容按照重要程度进行划分。

不同级别标题下的内容，根据其重要程度的不同，可以在字体、字号、颜色、符号和行距上进行区分，从而使文字内容的隐性层次关系具象化、可视化。

案例：如何区分主次

客户PC业务

首先，要加强县级节点客户和地市级重点客户覆盖。去年我们新增县级渠道980家，县级市场覆盖率达到90%，初步建立起纵深市场的“作战”地图。通过优化销售经理、IS和服务商配合机制，实现市场份额占比超过36%。我们在县级节点客户信息完备率超过91%。这一举措的落实，为我们未来在纵深市场的发展打下了基础。

其次，保持现有产品领导地位，提升订单占比。3个季度下来，我们备货占比由原来的54%降为47%，中小订单占比由36%提升至66%。在关键的50个项目中，涉及项目台数为41万台，赢单率为92.3%。同时进行统一的营销管理，价格协同，在3~6级市场形成合力。这一举措的落实，保障了业务的良性运作，稳固了大客户桌面产品的领导地位。

最后，优化渠道建设，提升体系竞争力。我们通过配备资源，拜访服务商和客户超过2000站。通过实施新的经销商分级和积分制度，签约经销商达到6500家，激活率达到87%的高水平。举办客户沙龙、创新之旅等大型客户活动315场。同时，我们非常重视合作伙伴的能力建设，共举办服务商售前培训、百城讲堂、总经理特训营346场，参训人员达到8820人次。这一举措的落实，提升了客户PC渠道体系的专业能力，竞争力得到大大加强。

TIP：

第二步：区分各版块内容的主次关系。

可以利用总分、分总或总分总的关系整理文字，将重点内容突出显示。

这样做的目的是让观众在第一时间知道内容的主要观点和框架，从而使演讲稿的逻辑变得更清晰，演讲更高效。

各版块内容之间，第一句话为总起，后面的三句话是分述，二者之间呈现总分的关系。

首先，要加强县级节点客户和地市级重点客户覆盖。

- 去年我们新增县级渠道980家，县级市场覆盖率达到90%，初步建立起纵深市场的“作战”地图。
- 通过优化销售经理、IS和服务商配合机制，实现市场份额占比超过36%。
- 我们在县级节点客户信息完备率超过91%。

这一举措的落实，为我们未来在纵深市场的发展打下了基础。

其次，保持现有产品领导地位，提升订单占比。

- 3个季度下来，我们备货占比由原来的54%降为47%，中小订单占比由36%提升至66%。
- 在关键的50个项目中，涉及项目台数为41万台，赢单率为92.3%。
- 同时进行统一的营销管理，价格协同，在3~6级市场形成合力。

这一举措的落实，保障了业务的良性运作，稳固了大客户桌面产品的领导地位。

最后，优化渠道建设，提升体系竞争力。

- 我们通过配备资源，拜访服务商和客户超过2000站。
- 通过实施新的经销商分级和积分制度，签约经销商达到6500家，激活率达到87%的高水平，举办客户沙龙、创新之旅等大型客户活动315场。
- 同时，我们非常重视合作伙伴的能力建设，共举办服务商售前培训、百城讲堂、总经理特训营346场，参训人员达到8820人次。

这一举措的落实，提升了客户PC渠道体系的专业能力，竞争力得到大大加强。

TIP：

层级区分明确。

每个版块都由标题文字、正文和总结语构成。

虽然有了明确的逻辑和框架，但信息依旧太多，没有突出重点，也不利于精准记忆。对此，需要运用抓重点的方法继续修改。

2.1.2 第二招：定逻辑

将文案结构化的第二招——“定逻辑”，分为抓重点和捋关系两式。

先对主次内容进行重点提炼，再对重点内容进行逻辑梳理。

第3式：抓重点（文字更精简，重点更突出）

抓重点不是传统意义上的“书读百遍，其义自见”，而是人为地捕捉隐藏在文字中的重点内容。每个人的理解能力都有差别，为了加深读者对文字的理解与把控，我们要对文字有所取舍，提炼出与全文核心更贴切的内容，忽略繁枝冗节。

当层次明确后，紧接着就需要主动捕捉文字中的重点内容，从而使观众对文章的核心主旨有一个大概的了解，使其阅读时更有侧重点，大幅提高阅读效率。

PPT应该表达个人或企业最想传递给观众的信息，并且信息量不宜过多，一般不超过三个主题。对于演讲者来说，版面内容过多，他们就会不自觉地照着PPT念，这是汇报时的大忌。对于观众来说，如果单页内容过多，一眼望过去找不到重点内容，他们就会觉得需要花费大量的时间来消化和理解，就不想继续读下去了。

精简文案的关键步骤就是删掉无意义的词语，提炼内容中的关键信息。

案例：如何提炼重点

首先，要加强县级节点客户和地市级重点客户覆盖。

- ~~去年我们~~新增县级渠道980家，县级市场覆盖率达到90%~~，初步建立起纵深市场的“作战”地图~~。
- ~~通过优化销售经理、IS和服务商~~配合机制，实现市场份额占比超过36%。
- ~~我们在县级~~节点客户信息完备率超过91%。
- ~~这一举措的落实，~~**为~~我们~~未来在纵深市场的发展打下了基础。**

重点内容提炼分析

原文：去年我们新增县级渠道980家，县级市场覆盖率达到90%，初步建立起纵深市场的“作战”地图。

重点：渠道、市场覆盖率。

提炼：新增县级渠道 980家，县级市场覆盖率达到90%。

原文：通过优化销售经理、IS和服务商配合机制，实现市场份额占比超过36%。

重点：配合机制、市场份额。

提炼：优化配合机制，实现市场份额占比超过36%。

原文：我们在县级节点客户信息完备率超过91%。

重点：完备率 。

提炼：节点客户信息完备率超过 91%。

原文：这一举措的落实，为我们未来在纵深市场的发展打下了基础。

重点：市场。

提炼：为未来在纵深市场的发展打下了基础。

其次，保持现有产品领导地位，提升订单占比。

- ▶ ~~3个季度下来，我们~~备货占比由原来的54%降为47%，中小订单占比由36%提升至66%。
- ▶ 在关键的50个项目中，~~涉及项目台数为41万台，~~赢单率为92.3%。
- ▶ ~~同时进行~~统一~~的~~营销管理，价格协同，在3~6级市场形成合力。
- ~~这一举措的落实，~~保障~~了~~业务的良性运作，稳固~~了~~大客户桌面产品的领导地位。

重点内容提炼分析

原文：3个季度下来，我们备货占比由原来的54%降为47%，中小订单占比由36%提升至66%。

重点：备货占比、订单 。

提炼：备货占比由原来的 54%降为 47%，中小订单占比由 36%提升至66%。

原文：在关键的50个项目中，涉及项目台数为41万台，赢单率为92.3%。

重点：项目、赢单率。

提炼：在关键的50个项目中，赢单率为92.3%。

原文：同时进行统一的营销管理，价格协同，在3~6级市场形成合力。

重点：价格协同。

提炼：统一营销管理，价格协同，在3~6级市场形成合力。

原文：这一举措的落实，保障了业务的良性运作，稳固了大客户桌面产品的领导地位。

重点：业务、产品。

提炼：保障业务的良性运作，稳固大客户桌面产品的领导地位。

最后，优化渠道建设，提升体系竞争力。

- ▶ ~~我们通过配备资源，~~拜访服务商和客户超过2000站。
- ▶ ~~通过实施新的经销商分级和积分制度，签约经销商达到6500家，~~激活率达到87%的高水平，举办~~客户沙龙、创新之旅等大型~~客户活动315场。
- ▶ ~~同时，我们非常重视合作伙伴的能力建设，共举办服务商售前培训、百城讲堂、总经理~~特训营346场，参训人员达到8820人次。
- ~~这一举措的落实，~~提升~~了~~客户PC渠道体系的专业能力，竞争力~~得到~~大大加强。

重点内容提炼分析

原文：我们通过配备资源，拜访服务商和客户超过2000站。

重点：服务商和客户。

提炼：拜访服务商和客户超过2000站。

原文：通过实施新的经销商分级和积分制度，签约经销商达到6500家，激活率达到87%的高水平，举办客户沙龙、创新之旅等大型客户活动315场。

重点：激活率、客户活动。

提炼：激活率达到87%的高水平，举办客户活动315场。

原文：同时，我们非常重视合作伙伴的能力建设，共举办服务商售前培训、百城讲堂、总经理特训营346场，参训人员达到8820人次。

重点：特训营、参训人员。

提炼：举办特训营346场，参训人员达到8820人次。

原文：这一举措的落实，提升了客户PC渠道体系的专业能力，竞争力得到大大加强。

重点：专业能力。

提炼：提升客户PC渠道体系的专业能力，竞争力大大加强。

客户PC业务

首先，要加强县级节点客户和地市级重点客户覆盖。

▶ 新增县级渠道980家，县级市场覆盖率达到90%。
▶ 优化配合机制，实现市场份额占比超过36%。
▶ 节点客户信息完备率超过91%。

为未来在纵深市场的发展打下了基础。

其次，保持现有产品领导地位，提升订单占比。

▶ 备货占比由原来的54%降为47%，中小订单占比由36%提升至66%。
▶ 在关键的50个项目中，赢单率为92.3%。
▶ 统一营销管理，价格协同，在3~6级市场形成合力。

保障业务的良性运作，稳固大客户桌面产品的领导地位。

最后，优化渠道建设，提升体系竞争力。

▶ 拜访服务商和客户超过2000站。
▶ 激活率达到87%的高水平，举办客户活动315场。
▶ 举办特训营346场，参训人员达到8820人次。

提升客户PC渠道体系的专业能力，竞争力大大加强。

将文字精简后，条理变得非常清晰。

但是在个别版块中，有些文案依然过长，还要再次进行“重点提炼”。

提炼内容是一个反复思考的过程，精简内容的侧重点不同，表现形式就会不同。要根据演讲者的需求来精简内容，这需要不断练习。

客户PC业务

~~首先，要~~加强县级节点客户和地市级重点客户覆盖。

▶ 新增县级渠道980家，县级市场覆盖率达到90%。

▶ 优化配合机制，实现市场份额占比超过36%。

▶ 节点客户信息完备率超过91%。

为未来在纵深市场的发展打下了基础。

~~其次，~~保持现有产品领导地位，提升订单占比。

▶ 备货占比由原来的54%降为47%，中小订单占比由36%提升至66%。

▶ 在关键的50个项目中，赢单率为92.3%。

▶ 统一营销管理，价格协同~~，在3~6级市场形成合力~~。

保障业务的良性运作，稳固大客户桌面产品的领导地位。

~~最后，~~优化渠道建设，提升体系竞争力。

▶ 拜访服务商和客户超过2000站。

▶ 激活率~~达到~~87%~~的高水平~~，举办客户活动315场。

▶ 举办特训营346场，~~参训人员达到~~8820人次。

提升客户PC渠道体系的专业能力，竞争力大大加强。

原文：首先，要加强县级节点客户和地市级重点客户覆盖。

提炼：加强县级节点客户和地市级重要客户覆盖。

原文：其次，保持现有产品领导地位，提升订单占比。

提炼：保持现有产品领导地位，提升订单占比。

原文：统一营销管理，价格协同，在3~6级市场形成合力。

提炼：统一营销管理，价格协同。

原文：最后，优化渠道建设，提升体系竞争力。

提炼：优化渠道建设，提升体系竞争力。

原文：激活率达到87%的高水平，举办客户活动315场。

提炼：激活率87%，举办客户活动315场。

原文：举办特训营346场，参训人员达到8820人次。

提炼：举办特训营346场，8820人次。

客户PC业务

加强县级节点客户和地市级重点客户覆盖。

▶ 新增县级渠道980家，县级市场覆盖率达到90%。

▶ 优化配合机制，实现市场份额占比超过36%。

▶ 节点客户信息完备率超过91%。

为未来在纵深市场的发展打下了基础。

保持现有产品领导地位，提升订单占比。

▶ 备货占比由原来的54%降为47%，中小订单占比由36%提升至66%。

▶ 在关键的50个项目中，赢单率为92.3%。

▶ 统一营销管理，价格协同。

保障业务的良性运作，稳固大客户桌面产品的领导地位。

优化渠道建设，提升体系竞争力。

▶ 拜访服务商和客户超过2000站。

▶ 激活率87%，举办客户活动315场。

▶ 举办特训营346场，8820人次。

提升客户PC渠道体系的专业能力，竞争力大大加强。

重点提炼和文字润色

原文：实现市场份额占比超过36% 。润色：实现市场份额占比36%+

原文：节点客户信息完备率超过91%。 润色：节点客户信息完备率91%+

TIP：我们在做PPT转换时，尽量转换为图形化语言。

原文：备货占比由原来的54%降为47%，中小订单占比由36%提升至66%。

提炼：备货占比47%，下降7%。中小订单占比66%，提升30%

TIP：措辞改成占比、下降和上升，通过具象化的元素表现。

原文：在关键的50个项目中。 提炼：50个关键项目

TIP：更适合大众阅读习惯。

重点提炼——再次重点提炼——文字润色，是一个循环反复的过程，演讲者可以根据自己的需要来操作，使内容的可视化程度更高。将长句转换成短句，而语义保持不变，更有利于观众理解。

下图就是本案例处理前后的对比效果。

对比最初的文案，是不是感觉信息更清晰、文字更精简？

这就是“抓重点”的独到之处。

文案处理前

客户PC业务

首先，要加强县级节点客户和地市级重点客户覆盖。去年我们新增县级渠道980家，县级市场覆盖率达到90%，初步建立起纵深市场的“作战”地图。通过优化销售经理、IS和服务商配合机制，实现市场份额占比超过36%。我们在县级节点客户信息完备率超过91%。这一举措的落实，为我们未来在纵深市场的发展打下了基础。

其次，保持现有产品领导地位，提升订单占比。3个季度下来，我们备货占比由原来的54%降为47%，中小订单占比由36%提升至66%。在关键的50个项目中，涉及项目台数为41万台，赢单率为92.3%。同时进行统一的营销管理，价格协同，在3~6级市场形成合力。这一举措的落实，保障了业务的良性运作，稳固了大客户桌面产品的领导地位。

最后，优化渠道建设，提升体系竞争力。我们通过配备资源，拜访服务商和客户超过2000站。通过实施新的经销商分级和积分制度，签约经销商达到6500家、激活率达到87%的高水平，举办客户沙龙、创新之旅等大型客户活动315场。同时，我们非常重视合作伙伴的能力建设，共举办服务商售前培训、百城讲堂、总经理特训营346场，参训人员达到8820人次。这一举措的落实，提升了客户PC渠道体系的专业能力，竞争力得到大大加强。

文案处理后

客户PC业务

加强县级节点客户和地市级重点客户覆盖

- 新增县级渠道980家，县级市场覆盖率90%
- 优化配合机制，实现市场份额占比36%+
- 节点客户信息完备率91%+

为未来在纵深市场的发展打下了基础

保持现有产品领导地位，提升订单占比

- 备货占比47%，下降7%
- 中小订单占比66%，提升30%
- 50个关键项目，赢单率92.3%
- 统一营销管理，价格协同

保障业务的良性运作，稳固了大客户桌面产品的领导地位

优化渠道建设，提升体系竞争力

- 拜访经销商和客户超过2000站
- 激活率87%，客户活动315场
- 举办特训营346场，8820人次

提升客户PC渠道体系的专业能力，竞争力大大加强

当然，这只是简单的设计，若要将画面提升一个档次，就必须清楚地掌握内容之间的关系，也就是掌握文案结构化第二招中的捋关系。

做任何事情都是有方法的。按照一定的步骤严格执行，才能事半功倍。

如果不知道怎么做一件事，就把做这件事的步骤写下来，按照这个步骤做几遍，直到熟练了，再脱离这个框架，发挥自己的主观能动性，大胆地创造属于自己的东西。

第4式：捋关系（逻辑更清晰，结构更合理）

捋关系，主要是指梳理文章的内在关联，包括因果、层递、主次、总分、并列等关系。人们认识事物的过程通常是由浅入深、由具体到抽象的。我们需要对上一个步骤抓取的文章重点进行进一步的归纳梳理，分析它们之间存在的逻辑关系。

捋清关系，不仅有利于观众了解整篇文章的脉络走向，提高阅读效率，还有利于信息的有效传播，并为文案结构化的第三招“定形式”打下坚实的基础。

只有明确了内容间的关系，才能更好地呈现内容。

对于大段文字，要先从全局出发，观察内容的走向，理解它是怎样一步步地凸显文章核心的，从而确定文章的纵向关系，厘清整体框架。

下面将从纵向关系和横向关系两个方面来阐述如何捋关系。纵向关系是根据文章的主旨与各分述段落之间的关系进行拆分的，强调的是整体框架与段落细节之间的关系。而横向关系，则强调各分述段落之间的关系。

纵向关系：结论先行，以上统下

结论先行是“先总后分”的体现，先框架后细节，先总结后具体，先结论后原因，先主要后次要。以上统下是指任何一个层次上的思想，都必须是对其下一层次思想的总结概括。

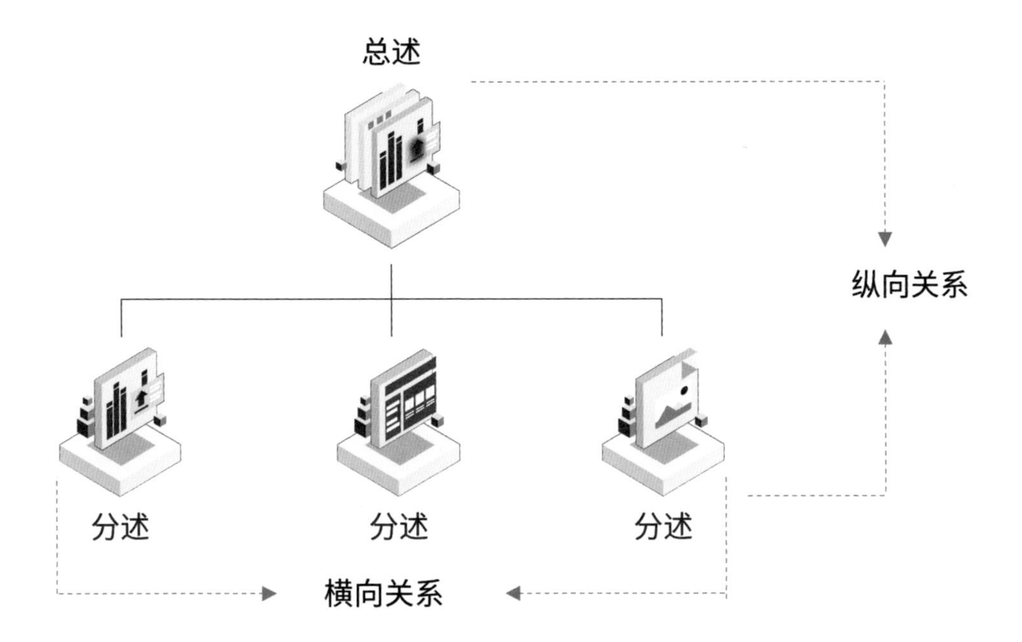

运用结构化思维，不仅可以帮助我们处理生活上的很多事情，还可以让我们的工作变得更有效率。

在纵向关系中，需要捋清的是总分结构，由总述和分述构成，包括“总分式”“分总式”“总分总式”。先用一个概括性的句子写出全段的主要内容，然后围绕这个句子从几个不同的方面加以叙述或说明。

在划分层次时，应将“总”与“分”分开，各为一层。

“总”与“分”的阐述，通常有两种方式。

其一，先提出核心论点，即为总述。然后由这个总述出发，分解出几个分论点，逐一进行阐述。文章脉络的走向是由上而下的。先提出中心思想，后展开分述，这样容易让人理解并抓住重点，也便于记忆。

其二，先提出几个分论点，即为分述，阐述完分论点之后，再进行总结归纳，概括得出总论点，即为总述。文章脉络的走向是由下而上的。当需要从多角度阐述一个观点时，采用先分述后总述再概括总结的方式，可以使行文更自然流畅。

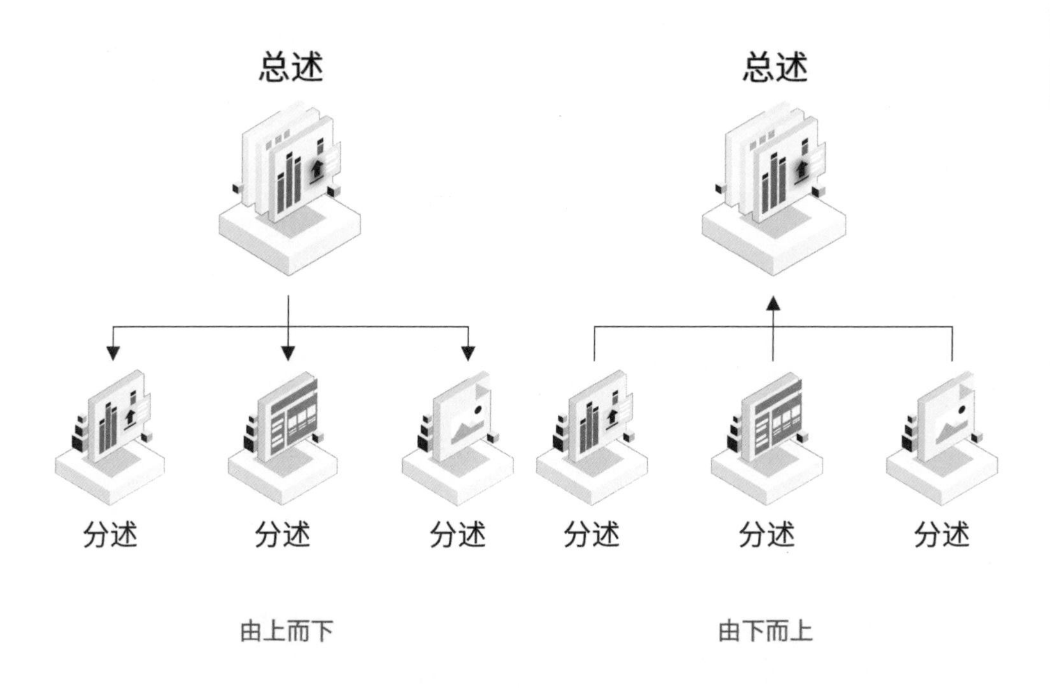

无论是先总述再分述，还是先分述再总述，只有完全理解文章的内在联系，才能搭建出准确的框架，从而保证我们的逻辑思维不混乱。

我们平时在做PPT的过程中，运用的纵向关系多为总分关系，可通过一些可视化的图形去呈现，这样PPT会显得更加生动，更易理解。

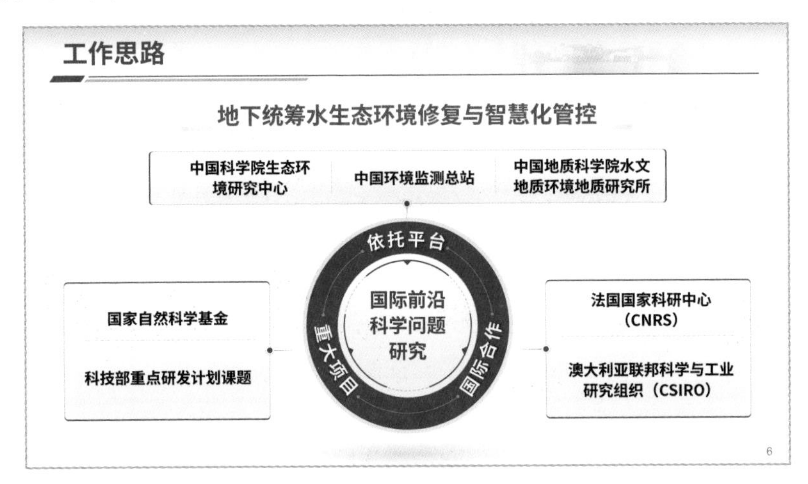

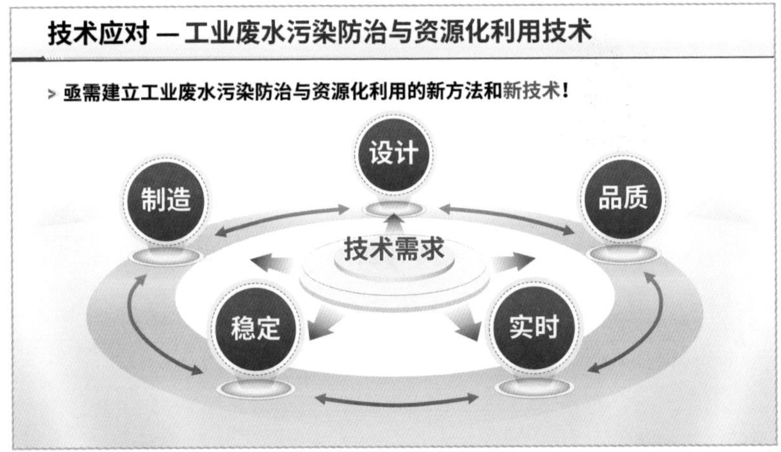

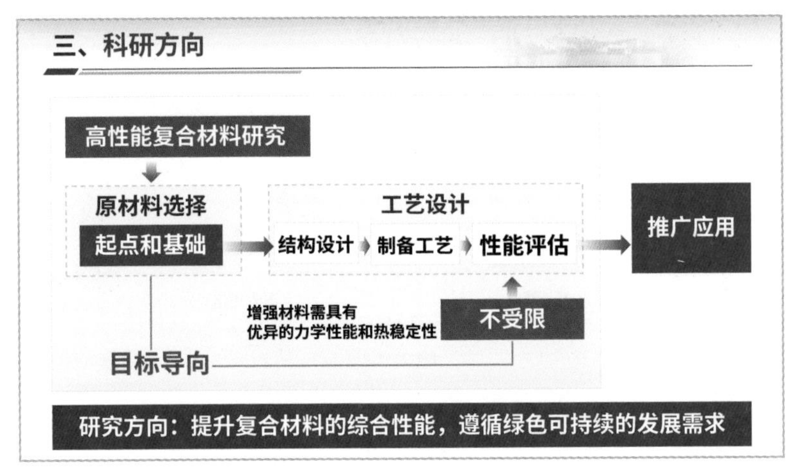

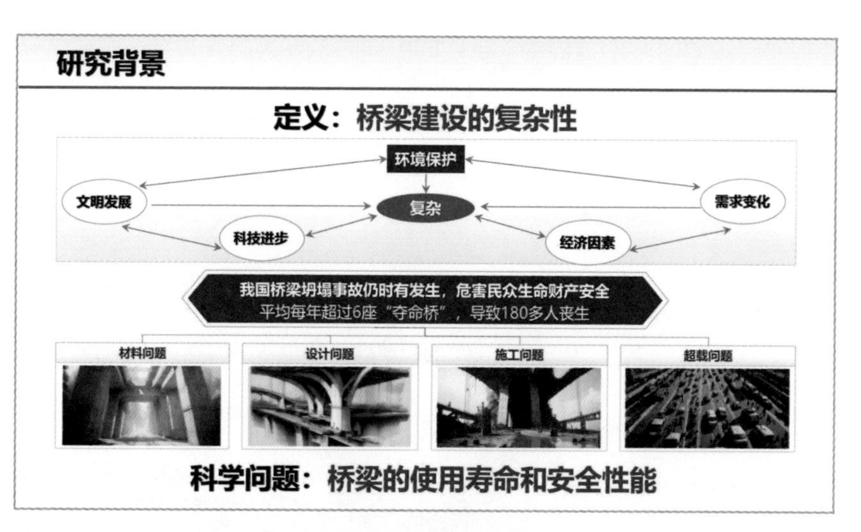
研究背景
定义：桥梁建设的复杂性
环境保护
文明发展
复杂
需求变化
科技进步
经济因素
我国桥梁坍塌事故仍时有发生，危害民众生命财产安全
平均每年超过6座“夺命桥”，导致180多人丧生
材料问题
设计问题
施工问题
超载问题
科学问题：桥梁的使用寿命和安全性能

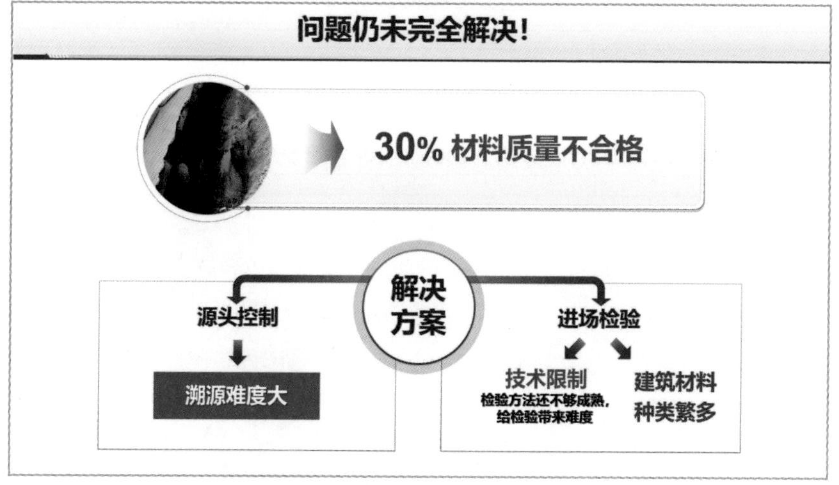
问题仍未完全解决！
30% 材料质量不合格
解决方案
源头控制
溯源难度大
进场检验
技术限制
检验方法还不够成熟，给检验带来难度
建筑材料种类繁多

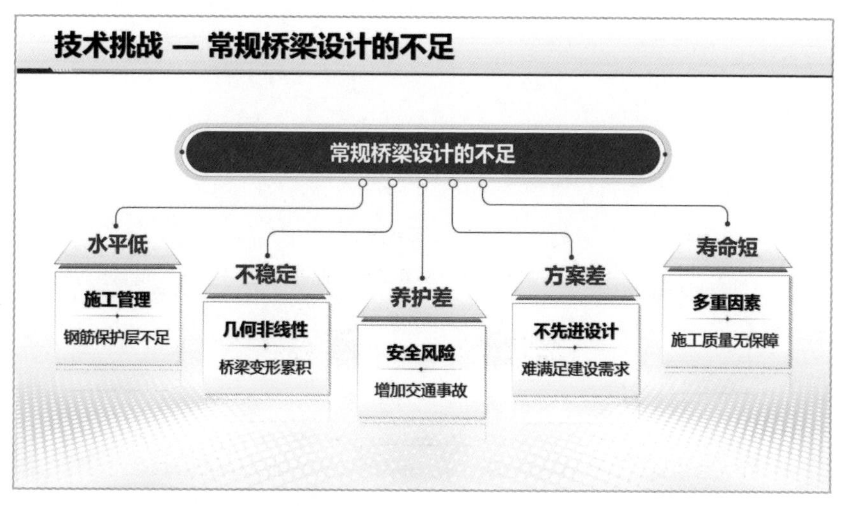
技术挑战 — 常规桥梁设计的不足
常规桥梁设计的不足
水平低
施工管理
钢筋保护层不足
不稳定
几何非线性
桥梁变形累积
养护差
安全风险
增加交通事故
方案差
不先进设计
难满足建设需求
寿命短
多重因素
施工质量无保障

横向关系：归类分组，逻辑递进

在金字塔的横向结构中，同一组中的思想之间存在着逻辑顺序。具体的顺序取决于该组想法之间的逻辑关系是演绎推理关系，还是归纳推理关系。

演绎推理指一系列线性的推理过程，譬如最经典的三段论，大前提+小前提，推导出结论。归纳推理是将具有共同点的事实、思想或观点归类分组，并概括其共同性。

归类分组即每一组中的思想必须属于同一逻辑范畴。逻辑递进，即每一组中的思想必须按照逻辑顺序排列。

前面提到做家务，通过时间长短来进行安排，其中针对整理衣柜这件事，需要花费40分钟，如何整理，需要运用到归类分组方法。将衬衫分为一类，外套分为一类，裤子分为一类，相同类别的拿一个筐装好，既整洁又方便。书籍也一样，可以分为社会科学类图书和自然科学类图书；中文图书和外文图书；普通图书和工具书；小说、儿童读物、专业书、工具书、手册、书目、剧本、报告、日记、书集和摄影绘画集；线装书、精装书、平装书、袋装书、电子书、有声读物、盲文书等。

在横向关系中，主要是看分述与分述之间的结构，同一组内容的观点、论点、各要点的横向之间是否做到归类分组和逻辑递进。对事物进行归类，将隐性的思维显性化、论点化，运用现有的结构来审视问题，让你的内容清晰化和条理化。

选择顺序时，应对“分”与“分” 之间共同的思想、观点和问题进行一定次序的排列。

归纳分组指运用结构化思维做到思考清晰、表达有力，可以分为三类，时间顺序、空间顺序和程度顺序。

根据内容选择恰当的分组方式，可以让你的观点更有条理。

时间顺序—循序渐进

定义：按照事情发展过程的先后顺序来说明。

事物的发展变化都离不开时间，如说明生产技术、产品制作、工作方法、历史发展、文字演变、人物成长、动植物生长等，都应以时间为序。

“景泰蓝”制作步骤，“做胎——掐丝——烧制——点蓝——烧蓝——打磨——镀金”是依据于时间顺序进行的。

具体来说，第一步制胎，先将合格的紫铜片按图下料，裁剪成不同扇面形或圆形，并用铁锤打成各种形状的铜胎器形；第二步为掐丝，将柔软、扁细、具有韧性的紫铜丝，用镊子按图案设计稿掐成各种纹样，然后蘸以白芨或浆糊粘贴在铜胎上；第三步为烧焊，将粘在铜胎上的紫铜丝喷以焊药入炉烧烤，把使铜丝焊接在铜面上；第四步为点蓝，将掐好丝的胎体经烧焊、酸洗、平括、正丝后，在铜丝花纹间点以各种色彩的釉料，经过800℃火烧，反复3～4次才能完成；第五步为烧蓝，将点蓝后的器物人炉烧制，反复数次，直到釉料凝固并与铜丝平齐为止；第六步为打磨，用砂石及木炭等进行磨光，使器面光滑平整；第七步为镀金，避免产品生锈和增加其光泽，使其变得金碧辉煌。

以时间为序，可以让读者更好地了解文章所说明的事物。

空间顺序—化整为零

定义：按事物空间结构的顺序来说明。

从外到内，或从上到下，或从整体到局部来加以介绍，这种演绎顺序有利于全面说明事物各方面的特征。

《核舟记》按照船体——船头——船尾——船背的空间顺序来写。

首先介绍核舟的整体外形、构造和装饰。接着，描写船头人物的位置、神情、姿态、服饰及书籍、衣褶、佛印、念珠等细节。再描写船尾楫旁两人的姿态、神情、衡木、蒲扇、炉、壶等细微之处。最后描写船背上题词的内容，时间、落款，颜色、字体，精细如蚊足。这样安排描写顺序，从整体到细节，由简单到复杂，引人入胜，可以加深人们对核舟的了解，更深刻地体会雕技术的精湛。

《晋祠》描写圣母殿——围廊——屋架——廊柱——屋顶——泥塑。

程度顺序—先主后次

定义：按事物的重要性顺序来说明。

每组内容中的思想、观点和问题具有共同性，根据各个问题特性的程度高低排序-最具有该特性的问题排在第一位。

中国灾害范围及应急安全产业发展图中的地震带、旱灾区、洪涝区、森林火灾所用的图示是不同的，各自用圆圈表示，圆圈越大，表示该地区地震越频繁，旱灾越频繁，洪涝越频繁等。用圆圈范围的大小来表示该地区的灾害程度，更加形象化、具体化，将各地区的灾害程度清晰明了地展现了出来。

通过时间、空间、程度顺序等维度的划分方法，我们可以得出文案之间具体的横向关系，如下图所示。

并列关系

并列关系表示同一件事的几个方面或者相关的几件事

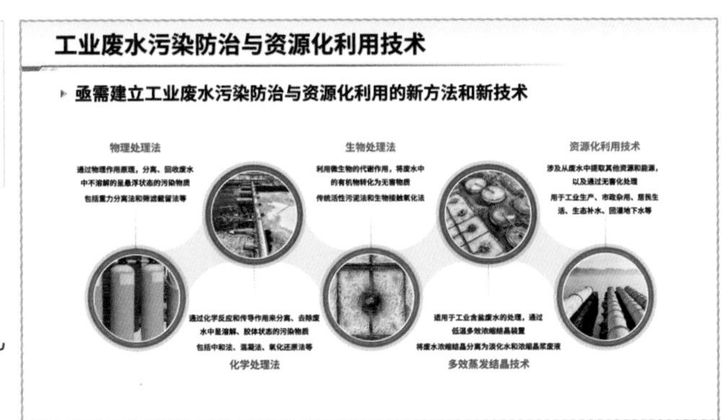

递进关系

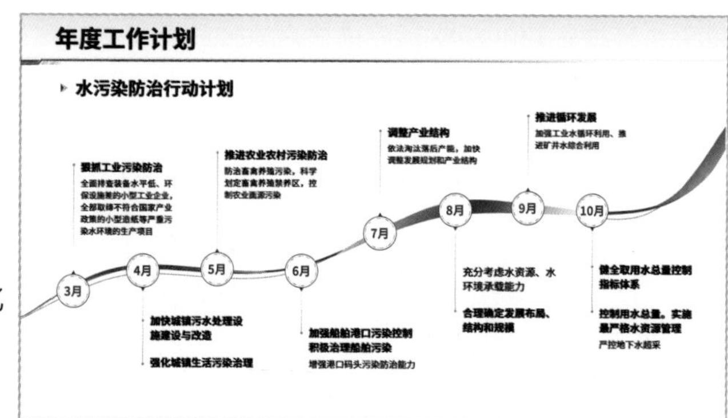

递进关系表示后面的分句比前面的分句向更重或更大、更深、更难的方向推进一层

选择关系

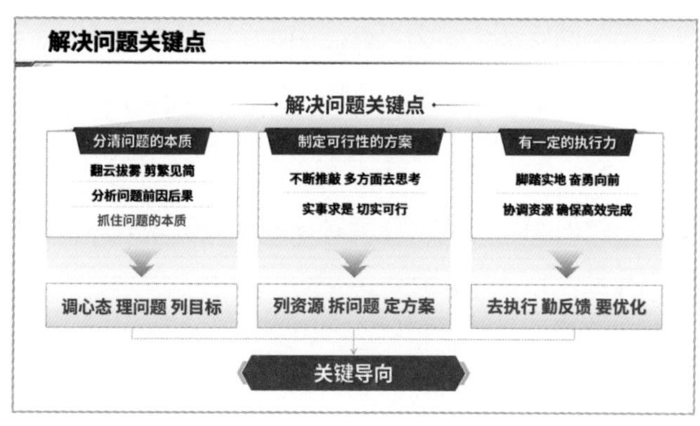

选择关系表示从两种或几种相关的情况中选择一种，表示“非此即彼”“或此或彼”的选择结果，即有取舍的限选和无取舍的任选。

以下案例为一些逻辑关系的成品图示。在做形式美化之前，一定要确定该页文本的逻辑关系是准确无误的，否则，没有强大的逻辑支撑，再美的设计都将变得苍白无力，缺乏说服力。

对比关系

对比关系表示两种不同事物或者同一事物的不同方面，放在一起相互比较，从而把事物的本质揭示得更加深刻、透彻。

承接关系

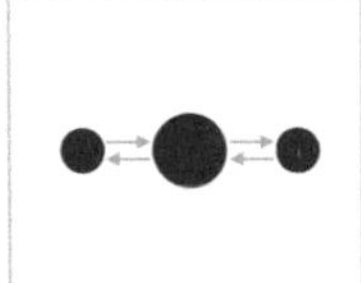

承接关系表示连续动作或者连续发生的事情，分句前后有先后顺序，不能将分句顺序进行颠倒。

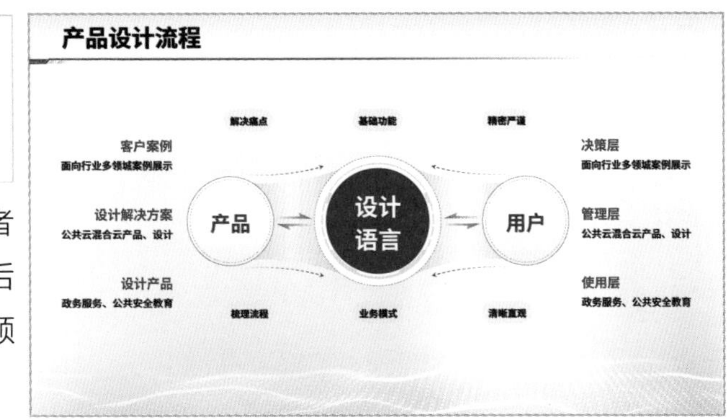

循环关系

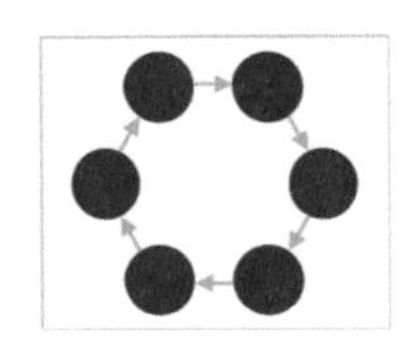

循环关系表示事物周而复始、往复相承的运转或变化。

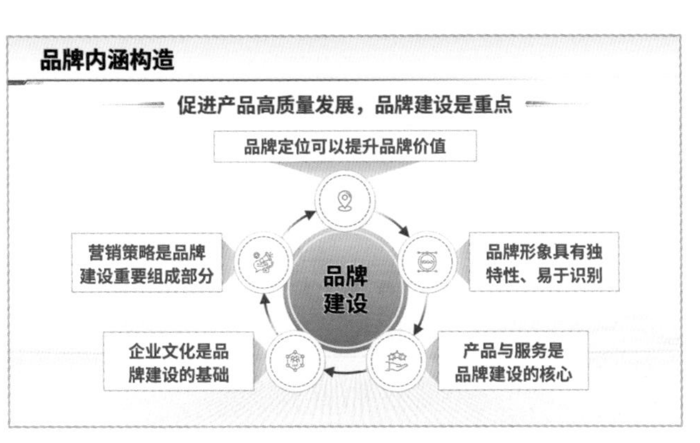

案例：如何梳理关系

一级标题 **客户PC业务**
总分关系
二级标题 **加强县级节点客户和地市级重点客户覆盖**
总分关系
三级标题 ▶ 新增县级渠道980家，县级市场覆盖率达到90%
三级标题 ▶ 优化配合机制，实现市场份额占比36%+
三级标题 ▶ 节点客户信息完备率91%+
并列关系
总结 **为未来在纵深市场的发展打下了基础**
二级标题 **保持现有产品领导地位，提升订单占比**
并列关系
三级标题 ▶ 备货占比47%，下降7%，中小订单占比66%，提升30%
三级标题 ▶ 50个关键项目，赢单率92.3%
三级标题 ▶ 统一营销管理，价格协同
总结 **保障业务的良性运作，稳固大客户桌面产品的领导地位**
二级标题 **优化渠道建设，提升体系竞争力**
三级标题 ▶ 拜访服务商和客户超过2000站
三级标题 ▶ 激活率87%，客户活动315场
三级标题 ▶ 举办特训营346场，8820人次
总结 **提升客户PC渠道体系的专业能力，竞争力大大加强**

先将内容按等级划分。

每个版块由一级标题、二级标题、三级标题和一句总结组成。

我们可以分析三个版块和总结之间存在什么关系，如何呈现才能使观众更明确内容之间的关系。

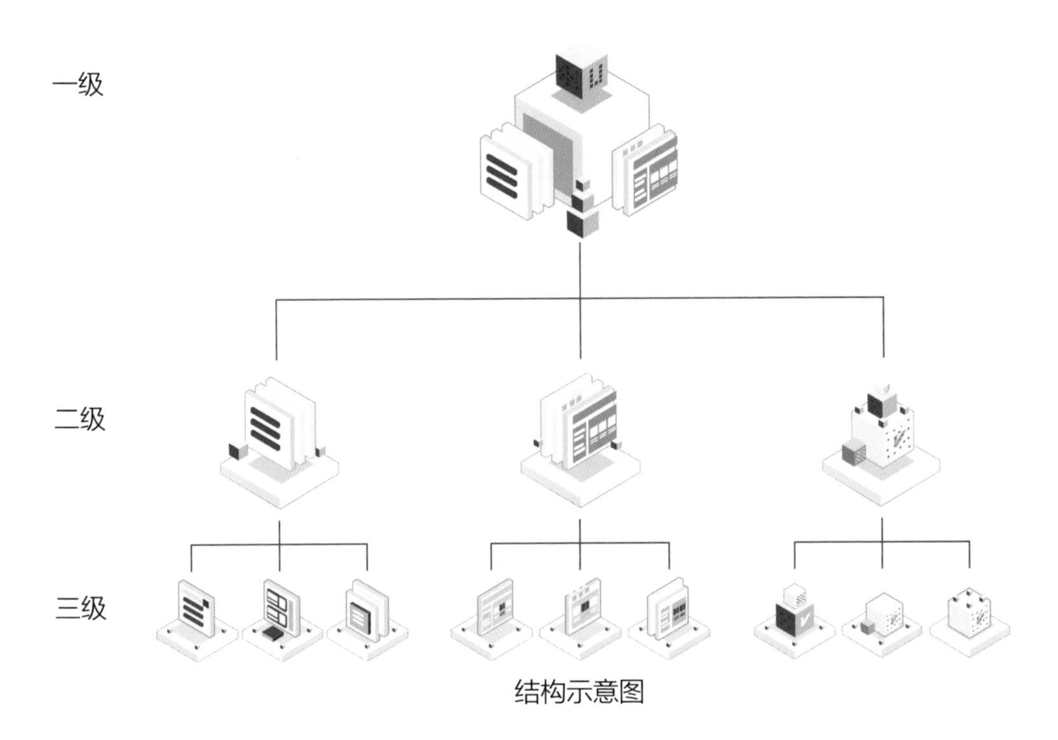

结构示意图

内容按结构可以分为纵向和横向两种关系。一级标题下分为二级标题和三级标题（纵向关系）；二级标题之间为并列关系（横向关系）；二级标题下又分为三级标题（纵向关系）；三级标题之间为并列关系（横向关系）。

结构化的展示可以使观众快速看清演讲者所表达内容之间的逻辑关系，更清晰地理解观点，这就是需要结构化的原因，所谓“一图胜千言”。

2.1.3 第三招：定形式

将文案结构化的第三招——“定形式”，分为绘草图和做呈现两式。

先对拟定关系进行草图绘制，再对最佳草图进行创意呈现。

第5式：绘草图（想法更多元，表达更有力）

绘草图是指通过思维导图等方式，将头脑中一闪而过的灵感记录下来，并结合实际情况合理发挥，尝试使用发散性思维，挖掘“金点子”，最终将头脑中抽象的灵感变为可视化的画面，即将头脑中所想变为现实。

绘草图能够将头脑中的想法变为纸上的具象化呈现，当你的灵感变为可视化的画面时，其会更容易被人理解与接受，大大提高了文案传播的有效性。

先从“想”开始

再到具体的“呈现”

大脑

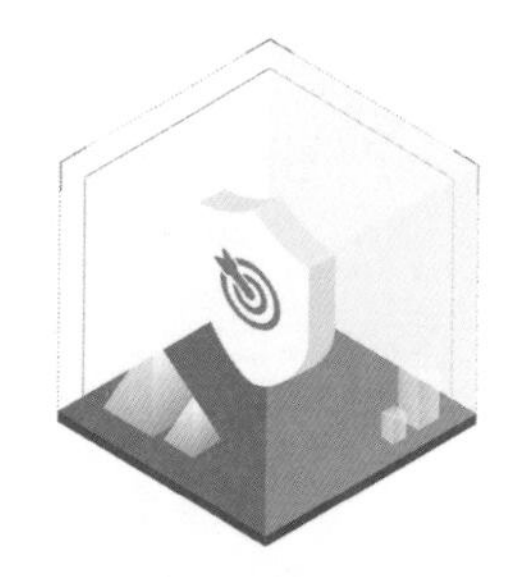

在开始工作之前，先在草稿中“画”出构思，这样可以让思路变得更加清晰。可以结合每一页文字内容画一张或多张草图，好的开始可以让我们的工作事半功倍。

有时我们的头脑中有太多的内容，有很多灵感迸发让我们不知道该如何下手。这时就需要一些能落实创意的方法来表达灵感。

方法：使用纸和笔，甚至用随手可得的便签贴。不要担心灵感是否真的可以落实，只需要把所有的想法都罗列出来，这是你灵感的累积。

每次工作的时候，笔者都会通过思维导图把具体的元素和创意点记录下来，再通过发散性思维，把能想到的创意全部用便签贴呈现，从中找到共性问题。

案例：地下水生态环境修复

主要成就与贡献 – 地下水生态环境修复

01. 新方法	02. 新技术	03. 新模式
建立地下水物理与数值模拟基础模型	研究大数据智慧化管控技术	开创了地上-地下统筹新模式
➤ 健康诊断与病因识别预警 ➤ 水循环演化机制 ➤ 生态环境耦合作用 ➤ 有效进行修复和管控	➤ 智慧管控模型及算法 ➤ 多尺度水生态环境精准溯源 ➤ 实时模拟与前瞻性评估 ➤ 实时监测地下水环境	➤ 地上和地下水环境的联动机制 ➤ 规划地表水和地下水的开发利用 ➤ 强化水资源保护措施

依据案例，文案结构化第一招 “定核心”的划版块和分层次的工作已经完成，只需对内容实施第二招和第三招。绘草图的前提是确定关系，目前内容存在包含与并列两重关系。

绘草图可以采用电脑绘图和手绘两种形式，目的是先确定大概的呈现方式，在逻辑和形式都确定的情况下再开展精绘工作。

电脑绘图一

电脑绘图二

确定关系之后将其转换为草图。草图的结构有很多种，需要读者集思广益。如果觉得自己画的草图不够好，那么不妨多画几张，时间久了，自然可以熟练掌握此项技能。

手绘草图一

为草图加上图标元素，画面更有层次感

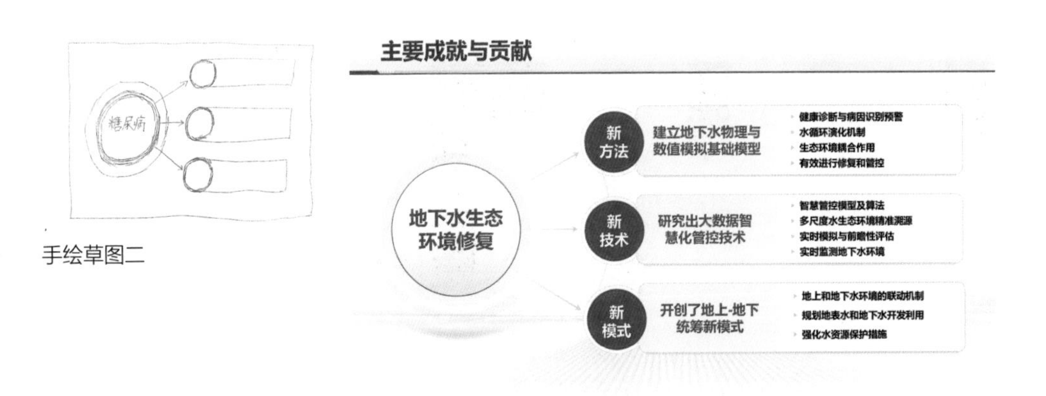

手绘草图二

为草图加上图标元素，绘制成页面

当然，还有很多读者根本不知道怎样画出好看的结构草图。不要着急，方法其实有很多，这里介绍最实用的一种，以帮助大家激发灵感。

案例：如何构思草图

相信绘制草图对读者来说都不是难事，可要画出具有创意的草图，对一些人来说或许会心有余而力不足。

下面介绍获取灵感的三个步骤，可以帮读者在日后的工作中节约至少一半的时间。

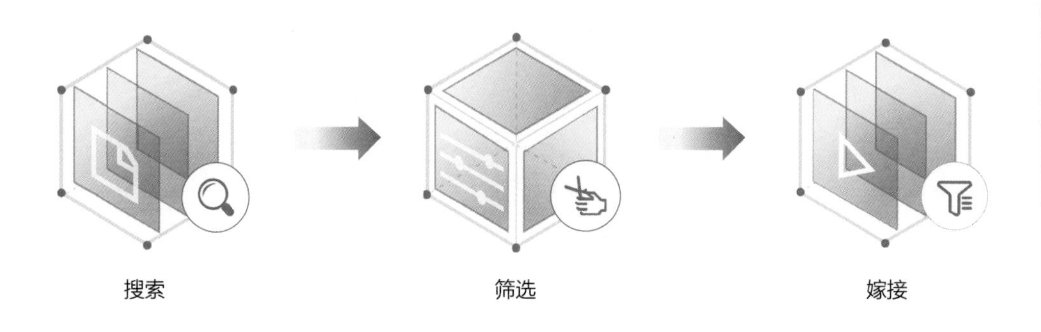

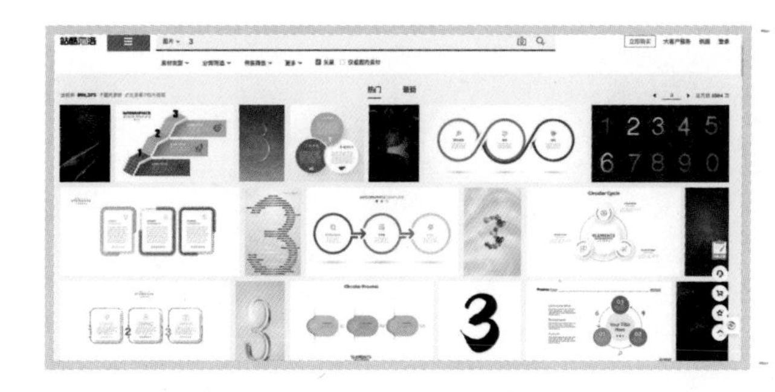

第一步：搜索

打开正版视觉创意搜索平台，如“站酷海洛”，搜索数字“3”。

可以看到多种多样“3”的结构展现形式，方便读者快速设计版式，让工作变得高效。

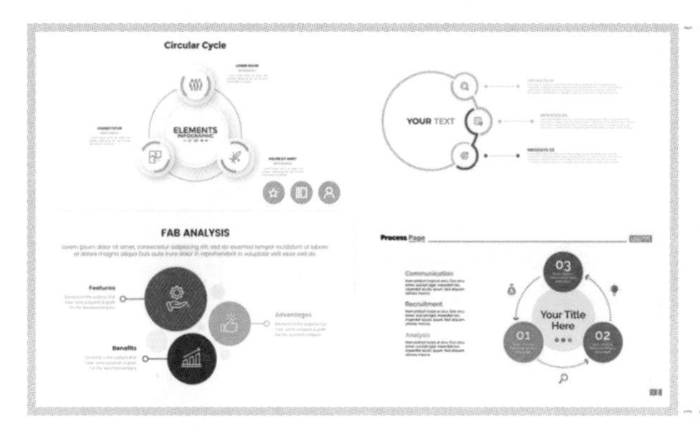

第二步：筛选

从第一步的版式中挑选一个最为合适的版式作为参考，加入新的内容，这样能够大大节省版式构思时间。

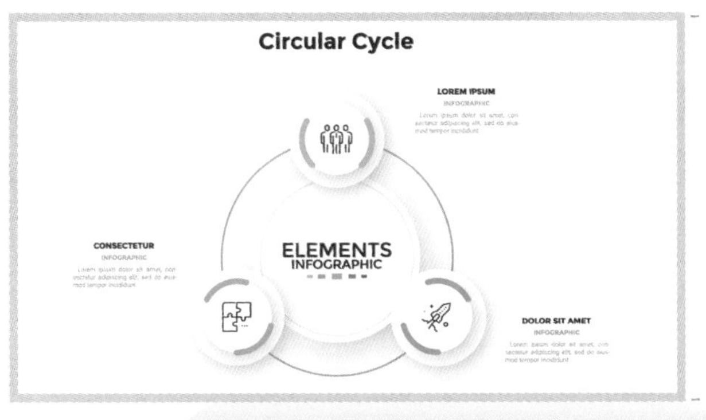

第三步：嫁接

选择合适的版式，将内容填充到图形中，作品呈现出更为高级的视觉效果。

当然，还有其他好用的方法激发你的灵感。希望读者开动脑筋，在实践中逐渐摸索出最适合自己的方法。

第6式：做呈现（画面更精美，形式更出彩）

做呈现指依据绘制好的草图，合理运用点、线、面、色块、图形等设计元素，对整个PPT的版面进行规整与设计，让画面的布局更加精美，页面更加充实，让阅读者的视觉体验更加舒适。

形式服务内容。当形式与内容完美地结合时，将产生“1+1>2”的奇妙化学反应，此时的画面显得更加精美。当文案的核心观点较为晦涩难懂，或者需要大量数据、图表去佐证时，合理运用设计元素进行呈现，将带来巨大的视觉冲击力，也会使核心观点变得通俗易懂，信息传达更准确。

同样是为PPT做美化，为什么别人的设计感十足，而你的设计看上去平平无奇？因为你只做了文字的规整，缺乏创意，而别人却用创意升级了PPT，突显了设计的不可替代性。

给逻辑加点创意，可以让观众记忆深刻。

再次使用前面的案例，通过文本分类，将食材分为四类，水果类有 3 个食材，辅料类有 4 个食材，蛋白质类有 5 个食材，蔬菜类有 6 个食材。

水果类

苹果、西瓜、香蕉

辅料类

大蒜 、红辣椒、八角、花椒

蛋白质类

鸡蛋、鲫鱼、排骨、基围虾、肉

蔬菜类

西红柿、土豆、茄子、青椒、冬瓜、黄瓜

看完左图的内容，合上本书，五分钟后在纸上写出所有食材。

即使我们进行了分类，时间一长，难免有几个食材会被遗漏。

当然，过目不忘的人排除在外。

通过什么方法可以让我们记忆深刻，能清楚地记得每一个食材的名字呢？

当我们把食材搭配成日常生活中经常吃的菜肴时，记忆起来就会相对容易一些，也更快速。

你只要记住，一顿大餐，6道菜外加3个水果，数字减少了（从4类、18个到6道、3个），记忆却更深刻。

当然，你也可以理解成6道菜外加1个果盘（苹西香），谐音平西乡（地名，位于吉林省），以加深记忆。

激发你的思维能力，根据相关内容进行联想。

俗话说“只可意会，不可言传”，我们要把只可意会的想法落实成可视化的图形，这样记忆才会更持久。

开动你的大脑，多看、多想、多思考。抓住每一个不经意出现的小灵感并记录下来。

案例：如何呈现画面

案例修改前

没有从内容本质出发

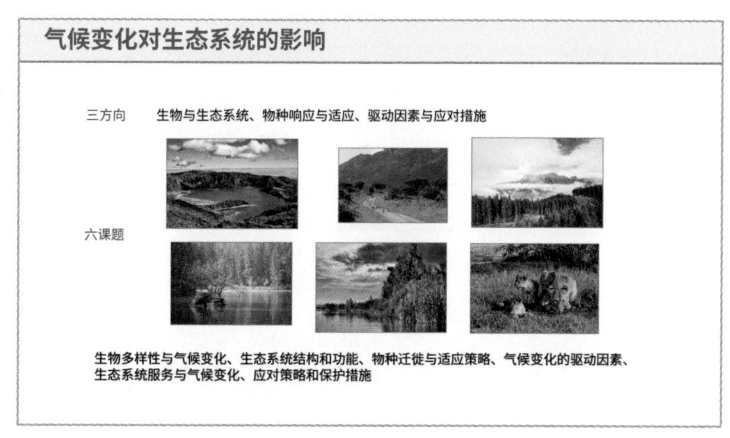

问题：PPT布局混乱，内容层次不清晰，重点信息没有突出展示，导致观众无法快速获取关键信息。

案例修改后

从内容本质出发

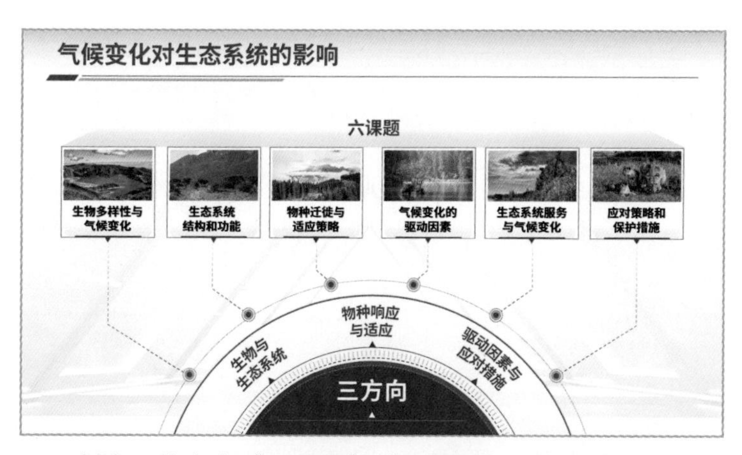

创意：将内容“三方向”“六课题”分为两个层级，以“三方向”为载体，以“六课题”为延展设计画面，提升整体视觉效果。

画面：根据具体的演讲内容和观众特点选择合适的设计方法，将两个层级的内容用更直观的形式展示出来，加强观众对内容的理解和记忆。

再如下面的机械工程课题的页面设计案例。

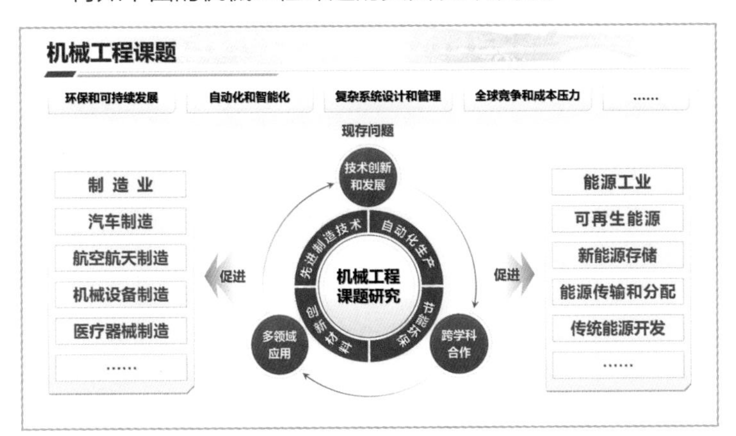

创意：明确演示中最重要的核心信息为“机械工程课题研究”，将其设计为整个版面的焦点；在两侧设计促进发展的学科，以整套技术作为基础，解决现存问题。

再来看看下面空气污染治理技术的页面设计案例。

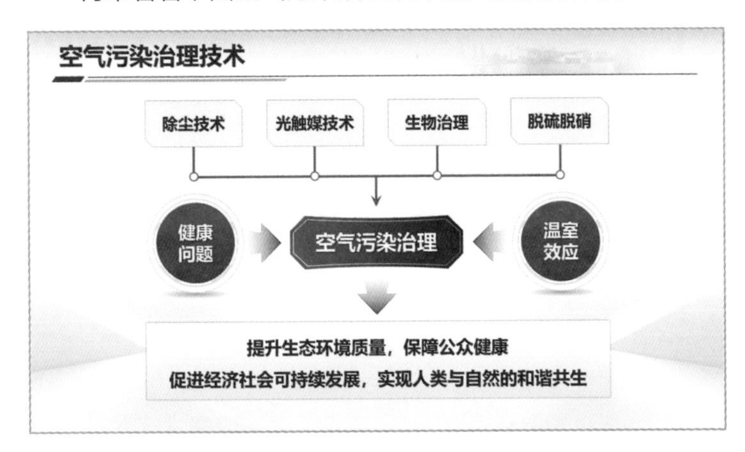

画面：PPT要易于阅读和理解，注重内容的逻辑性和客观性，以“空气污染治理”为核心，通过四项举措，辅以“健康问题”“温室效应”，最终实现“提升生态环境质量，保障公众健康”的目标。

为了让观众印象深刻，必须时刻追求内容与形式上的双重创新，让自己的PPT脱颖而出。

2.2 内容包装之四大心法

数据显示，顾客在经过货架时，留给商品的余光时间平均只有3秒。而要想让商品在这3秒中从同类竞品中脱颖而出，抓住顾客的眼球，就需要包装。

好的商品，离不开包装。相对于其他的落地宣传、网络推广，文案包装制作的性价比是非常高的，不仅能节省品牌的宣传费用，还能够收获更多的顾客。例如，江小白的广告文案治愈而温暖，让人眼前一亮。

在制作PPT时，不仅要精简文案，还要对文案进行包装，来提高观众的阅读效率，提升品牌影响力。

高效：我们按照前文所述对文案进行精简后，还需要对内容进行一定的包装，使观众能够一望而知文案的精髓所在，从而大大提高观众的阅读效率。

传播：内容之间如果没有内在的联系，就会导致观众记忆困难。为了达到准确的传播效果，可以通过押韵和谐音的方式，把一些晦涩难懂的内容变成有一定节奏或韵律的语句，帮助观众理解，这样也能使观众了解宣传的核心，起到良好的传播推广效果。

正如商品需要包装，精简后的内容也需要包装，因为其在视觉上的冲击力不够。我们可以将最能激发观众兴趣的核心主旨和数据前置，从而使观众产生强烈的视觉震撼。精简文案后，还要尽量使观点保持句式统一，这样更有利于版面的合理布局。

切记物极必反，不要太苛求句式的统一，适当运用长短句打破节奏，使全文保持轻快、灵动的节奏，为观众带来愉悦的阅读体验。也可编写朗朗上口的口诀，让更多的人认可你的观点。这里给读者总结四套高效处理文案的结构心法。

2.2.1 心法一：前置观点

前置观点即压缩文字字数并提炼观点，将其置于大段文字前面。

面对大段文字，观众无暇顾及全部，短时间内无法心领神会。可以将要点提炼成精简的内容放在大段文字前面，意在结论先行，即先告知结论，再说明原因。

例如下面的案例。

案例一丨内容包装前

能源高效利用与节能技术

能源评估与监测：能源监测技术与设备、能源数据分析与建模、能源评估方法与工具
能源优化与改进："设备能效提升""工艺流程优化""储能技术研究""能源管理系统""能源回收利用""能源政策与标准"
可再生能源利用：能源评估、能源转化、储能技术、能源集成、能源环保、能源政策
智能化能源管理：数据采集、数据分析、监测系统设计、能源规划、能源调度、能源效率评估、智能控制算法、能源系统建模、控制系统设计、数据驱动预测、机器学习算法、预测模型验证、能源网络建模、能源网络优化、能源网络安全、能源政策分析、能源政策制定、能源政策评估
推动能源领域的智能化发展，提高能源利用效率，实现可持续发展的目标

案例一丨内容包装后

能源高效利用与节能技术

能源评估与监测	能源监测技术与设备		能源数据分析与建模		能源评估方法与工具	
能源优化与改进	设备能效提升 能源回收利用	工艺流程优化 能源政策与标准	储能技术研究	能源管理系统		
可再生能源利用	能源评估	能源转化	储能技术	能源集成	能源环保	能源政策
智能化能源管理	数据采集 数据分析 监测系统设计	能源规划 能源调度 能源效率评估	智能控制算法 能源系统建模 控制系统设计	数据驱动预测 机器学习算法 预测模型验证	能源网络建模 能源网络优化 能源网络安全	能源政策分析 能源政策制定 能源政策评估

推动能源领域的智能化发展，提高能源利用效率，实现可持续发展的目标

> 将提炼的核心内容置于句前，标题分别为"能源评估与监测""能源优化与改进""可再生能源利用""智能化能源管理"。

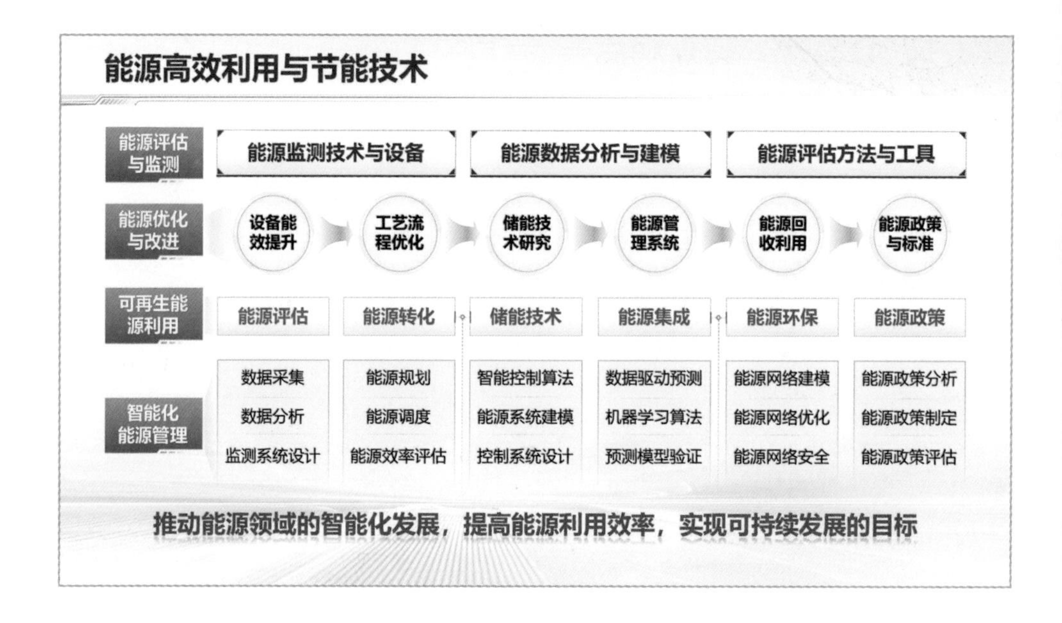

搭配精美的版式，围绕能源评估与监测、能源优化与改进、可再生能源利用、智能化能源管理四个部分展开，逻辑清晰，观点突出。

再如下面的例子：

案例二 | 内容包装前

地点在上海市的青浦区

投资金额5.6亿元，人员数量1.5万人，目标数量472家，涉及地区25个，用户数量16万人，设备数量386个，收益预期1.2亿元，增长率67%。

投资金额5.6亿元，其中自筹资金3.25亿元，风险投资2.35亿元。

案例二 | 内容包装后

地点：上海市　青浦区

5.6亿元-投资金额 | 1.5万人-人员数量 | 472家-目标数量 | 25个-涉及地区

16万人-用户数量 | 386个-设备数量 | 1.2亿元-收益预期 | 67%-增长率

5.6亿元-投资金额　➡　自筹资金：3.25亿元　风险投资：2.35亿元

> 改变措辞，如“投资金额5.6亿元”可以改成“5.6亿元-投资金额”。

项目规模情况

地点：上海市 青浦区

5.6亿元 投资金额　1.5万人 人员数量　472家 目标数量　25个 涉及地区

16万人 用户数量　386个 设备数量　1.2亿元 收益预期　67% 增长率

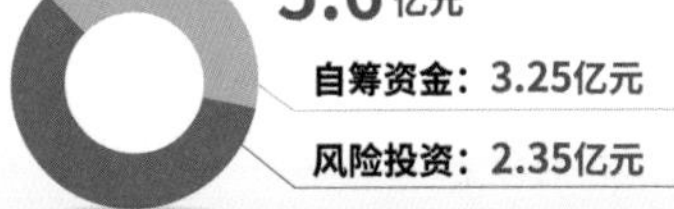

案例三丨内容包装前

生态修复风险：控制不住、修复不了、管理不佳

针对以上问题，改进措施为污染控制、修复技术、管理体系

控制地下水污染源

加强工业、农业和城市污水的处理，采取有效的措施来防止污染物渗入

物理、化学和生物修复技术

根据地下水污染的具体情况选择合适的修复技术

持续的监管和管理

建立长期的监测体系，对地下水生态环境进行定期监测

案例三丨内容包装后

生态修复风险：控制不住→污染控制、修复不了→修复技术、管理不佳→管理体系

控

控制地下水污染源

加强工业、农业和城市污水的处理，采取有效的措施来防止污染物渗入

物理、化学和生物修复技术

根据地下水污染的具体情况选择合适的修复技术

持续的监管和管理

建立长期的监测体系，对地下水生态环境进行定期监测

从大标题中提炼一个字置于句前，快速告知观众，高效传播。

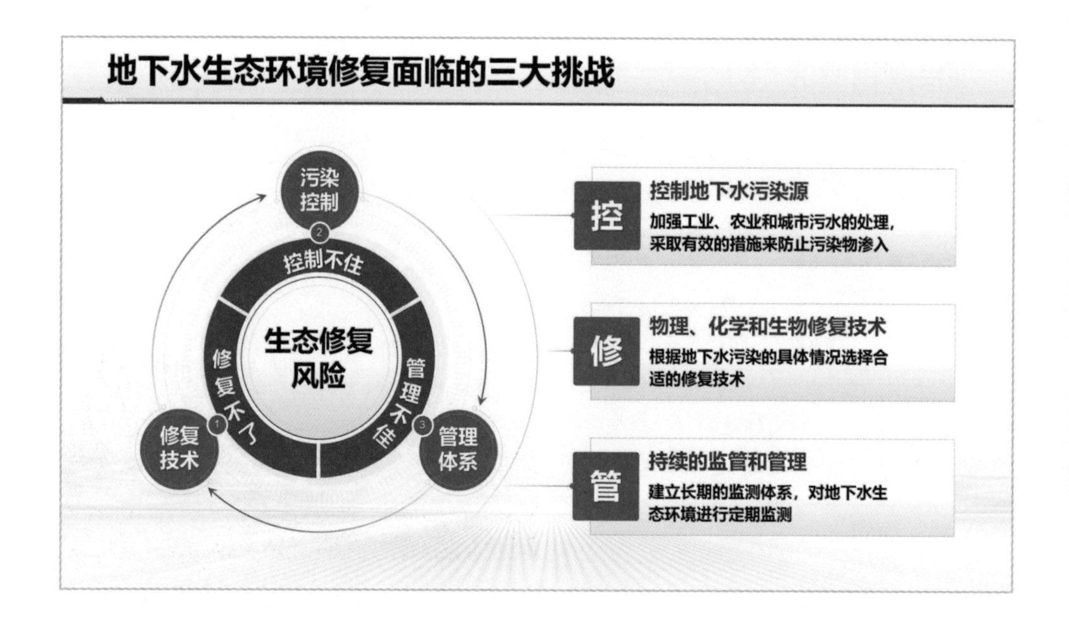

2.2.2 心法二：改变句式节奏

改变句式节奏（变换长短）的方法一般用在至少由两个句子组成的段落中。简短的句子放在开头或结尾，长短错落，富有变化，骈散结合，交替使用，可增强文字内容的表现力。

案例一丨内容包装前

项目管理方法“三位一体”创新模式：范围管理、时间管理、成本管理

全面涵盖：需求收集全面、任务划分细致、工作内容具体、交付标准明确、范围变更控制、审核监督严格

效率方面：任务分解、排序优先、时间估算、节点设定、进度跟踪、计划调整

降本增效：预算制定、成本监控、成本分析、风险预警

案例一丨内容包装后

项目管理方法“三位一体”创新模式：范围管理、时间管理、成本管理

全面涵盖	执行效率	降本增效
需求收集全面、任务划分细致	任务分解、排序优先	预算制定、成本监控
工作内容具体、交付标准明确	时间估算、节点设定	成本分析、风险预警
范围变更控制、审核监督严格	进度跟踪、计划调整	

> 每段开头的语句节奏不一致，特意将其中的“效率方面”改成“执行效率”，改变句式节奏。

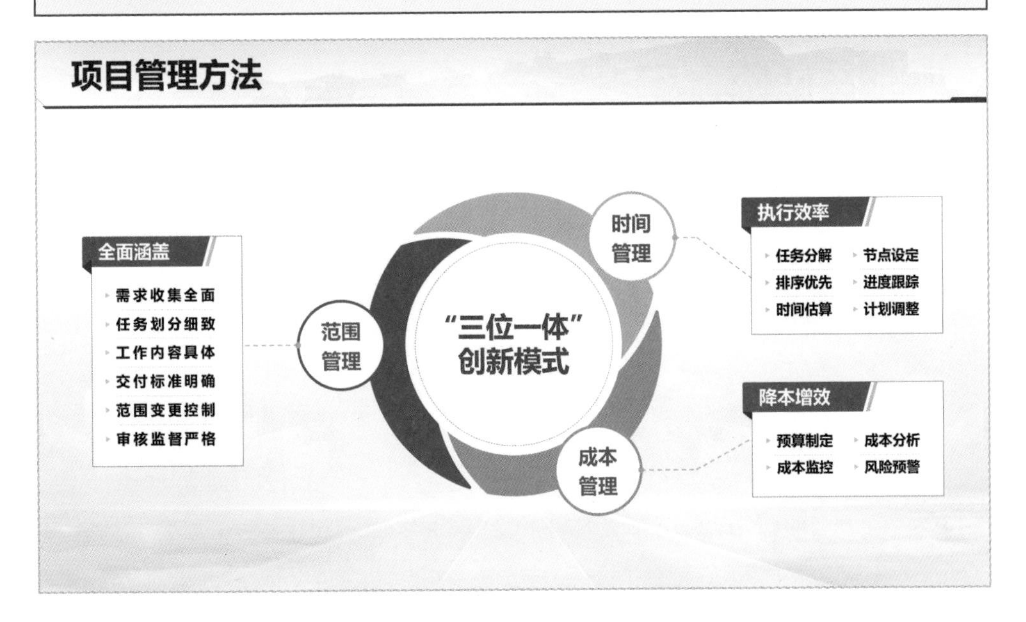

案例二 | 内容包装前

颗粒物去除技术-创新除尘技术：减少空气中的颗粒物，保护人类健康和环境

重力沉降方面注重地球引力场作用

惯性除尘方面注重惯性力的不同

旋风增压除尘方面注重旋转气流产生离心力

静电除尘方面注重高压静电场分离

案例二 | 内容包装后

颗粒物去除技术-创新除尘技术

重力沉降 - 地球引力场作用

惯性除尘 - 惯性力的不同

旋风除尘 - 旋转气流产生离心力

静电除尘 - 高压静电场分离

减少空气中的颗粒物，保护人类健康和环境

> 五行语句开头节奏不一致，特意将其中的“旋风增压除尘”改成“旋风除尘”，改变句式节奏。

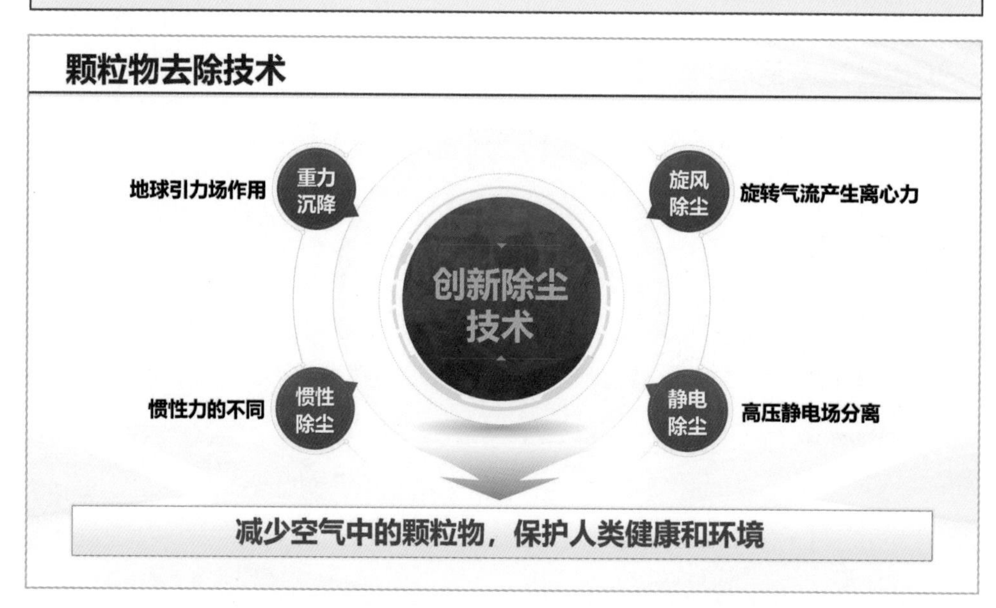

案例三丨内容包装前

气候变化对农业产量的影响及应对策略：气候因素对农作物的生长、发育、产量和品质等方面都有显著影响–应对策略。

- 改进农业生产技术方面有精准农业、农业机械化、基因编辑技术、智能化养殖。
- 调整结构方面有间作套种技术、立体种植技术、节水灌肥技术、品种选育改良。
- 加强农业基础设施建设方面有农田水利工程、智能化灌溉系统、农业信息化平台、土壤质量提升。
- 推广耐候作物品种方面有品种选育和改良、品种适应性评估、品种推广和示范、科技创新和合作。
- 发展循环农业和生态农业方面有废弃物综合利用、生物多样性保护、土壤生态修复、节能减排技术。

对于保障粮食安全、促进农业可持续发展具有重要意义。

案例三丨内容包装后

气候变化对农业产量的影响及应对策略

气候因素对农作物的生长、发育、产量和品质等方面都有显著影响–应对策略

改进农业 生产技术	调整作物 种植结构	加强农业基础 设施建设	推广耐候 作物品种	发展循环农业和 生态农业
精准农业	间作套种技术	农田水利工程	品种选育和改良	废弃物综合利用
农业机械化	立体种植技术	智能化灌溉系统	品种适应性评估	生物多样性保护
基因编辑技术	节水灌肥技术	农业信息化平台	品种推广和示范	土壤生态修复
智能化养殖	品种选育改良	土壤质量提升	科技创新和合作	节能减排技术

对于保障粮食安全、促进农业可持续发展具有重要意义

> 语句节奏不一致，特意将其中的“调整结构”改成“调整作物种植结构”，改变句式节奏。

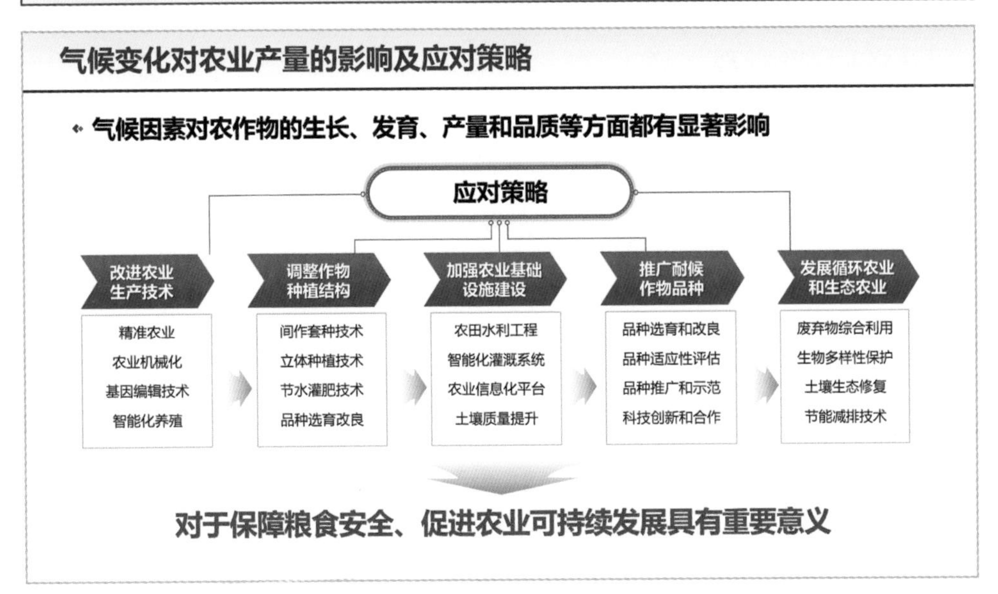

2.2.3 心法三：保持句式平衡

保持句式平衡（对称/对仗/对偶）是一种修辞方式，它把复合句变成以逗号为轴心的“跷跷板”，两端由字数相等、结构相同、意义对称的一对短语或句子来表达两个相对或相近的意思。同时，使用这种方式可以使句式变得整齐，增添音韵美，令整个句子从对称的结构中获得力量。

案例一丨内容包装前

万物感知	万物互联	万物智能
感知物理世界，变成数字信号	将数据变成Online，使能智能化	基于大数据和人工智能的应用

案例一丨内容包装后

万物感知	万物互联	万物智能
感知物理世界，触发数字信号	驱动数据上线，推动实时交互	赋予数据智慧，带来增值服务

副标题文字不统一，缺少音韵美。运用保持句式平衡心法，使用“感知”“驱动”“赋予”“触发”“推动”“带来”等词进行包装，统一用动词开头，字数一致，结构相同。

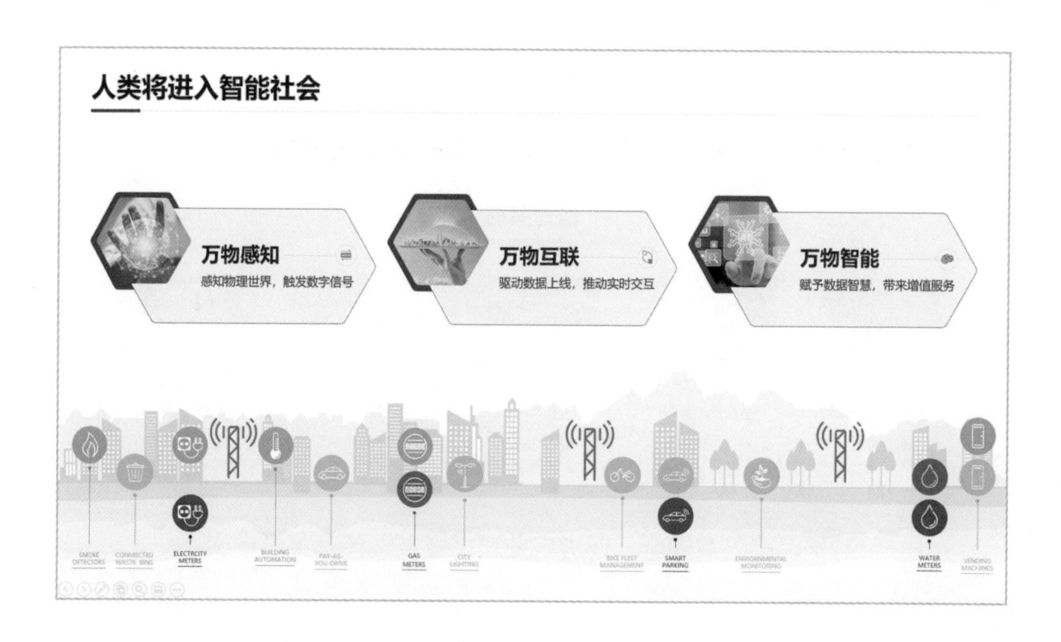

案例二丨内容包装前

研究思路–生态环保装备关键技术与应用。

- 新的技术工艺：污染物减排技术环境影响评估方法。
- 新材料研制：材料性能与环保性能的平衡材料循环利用与生物降解性。
- 新设备研发：高效制造与装配智能控制与监测。

实现万家单位的高效、低耗、低成本清洁生产与应用的广泛推广。

案例二丨内容包装后

研究思路 – 生态环保装备关键技术与应用

- 新工艺：污染物减排技术环境影响评估方法
- 新材料：材料性能与环保性能的平衡材料循环利用与生物降解性
- 新设备：高效制造与装配智能控制与监测

实现万家单位的高效、低耗、低成本清洁生产与应用的广泛推广

> 句子结构不统一。运用保持句式平衡心法，优化标题为新工艺、新材料、新设备。另外，在词组的搭配上，我们要斟酌用词，看看哪些词可以优化，使语句更通顺。

案例三丨内容包装前

安全，燕启东方——严守航空安全，呵护旅客旅程健康

高效，翱翔东方——智能出行新体验，客户出行隐私保护

协调，美好东方——开启绿色低碳飞行，守护碧水蓝天

共享，幸福东方——融入当地社区街道，贡献航空行业发展

案例三丨内容包装后

安全，燕启东方——严守航空安全，呵护旅客健康

高效，翱翔东方——体验智能出行，保护客户隐私

协调，美好东方——开启低碳飞行，守护碧水蓝天

共享，幸福东方——融入当地社区，贡献行业发展

包装前每一句前半部分对称，后半部分缺少音韵美。运用保持句式平衡心法，对后半部分进行统一包装，使字数一致、结构相同。

2.2.4 心法四：编写口诀

编写口诀心法是把难以记忆的内容编成口诀，使内容变得简单且朗朗上口，意味深长。当然，口诀要简洁明了，忠于内容。在准确理解内容的前提下亲自编写，让口诀在观众的大脑中留下深刻印象。

案例一丨内容包装前

聚焦点-中国梦 节能梦　合众力-护佑蓝天碧水　点睛笔-推进卓越管理　滴水穿-持续创新之力

创平台-追求合作共赢　生机发-筑造幸福家园　无疆爱-情暖社会民心　限无极-责任创造价值

案例一丨内容包装后

聚	合	点	滴
焦点	众力	睛笔	水穿
中国梦 节能梦	护佑蓝天碧水	推进卓越管理	持续创新之力
创	**生**	**无**	**限**
平台	机发	疆爱	无极
追求合作共赢	筑造幸福家园	情暖社会民心	责任创造价值

每部分内容都单独进行分隔，把分隔后的字连接起来，就变成了适合记忆的口诀。

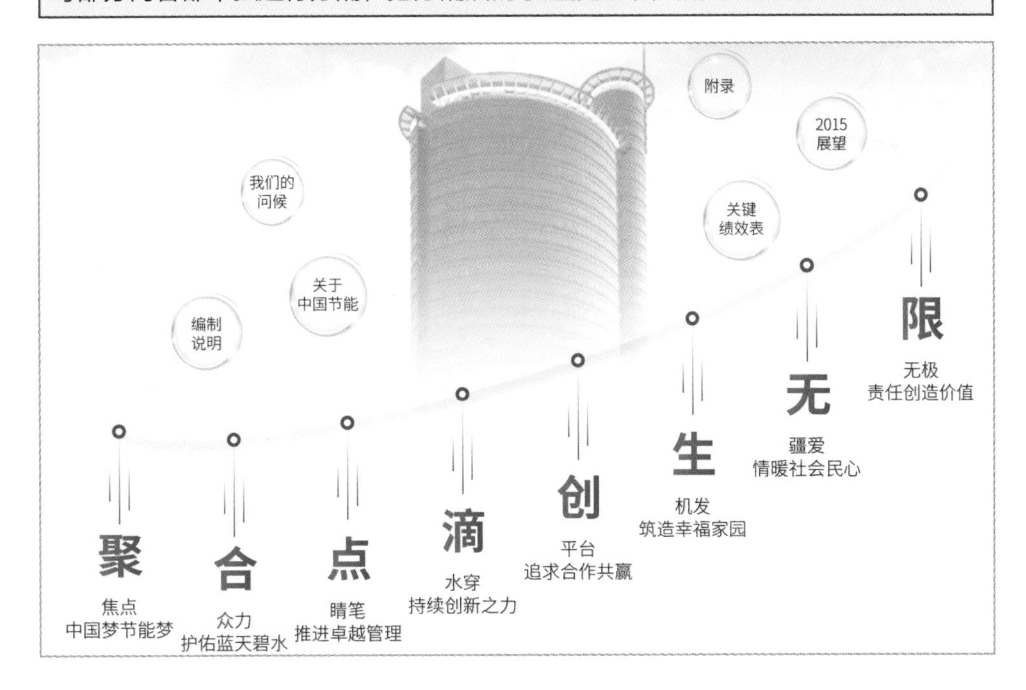

案例二丨内容包装前

区块链技术在金融领域的应用：适用范围广、成效卓越，对社会产生积极影响。

项目提交研究报告1套，其中包含获得专利、著作权等知识产权（1.2亿份数据样本、9.6万个研究对象、10项关键发现）。项目拥有创新应用4项：跨境支付、数字货币、供应链金融、证券交易。面临技术挑战7个：技术成熟度、监管政策、安全风险、隐私保护、应用场景、性能效率、用户接受度。形成9大核心优势：去中心化、不可篡改、安全可靠、透明可视、高效便捷、降低成本、跨界合作、智能合约、数据隐私。

案例二丨内容包装后

区块链技术在金融领域的应用：适用范围广、成效卓越，对社会产生积极影响。

社会公益类：

1套研究报告	4项创新应用	7个技术挑战	9大核心优势
获得专利、著作权等知识产权（1.2亿份数据样本、9.6万个研究对象、10项关键发现）	跨境支付、数字货币、供应链金融、证券交易	技术成熟度、监管政策、安全风险、隐私保护、应用场景、性能效率、用户接受度	去中心化、不可篡改、安全可靠、透明可视、高效便捷、降低成本、跨界合作、智能合约、数据隐私

我们发现这段文字中有1套、 4项、 7个、9大等总结性文字，在写文案的时候要留意这些文字，方便观众更好地记忆。

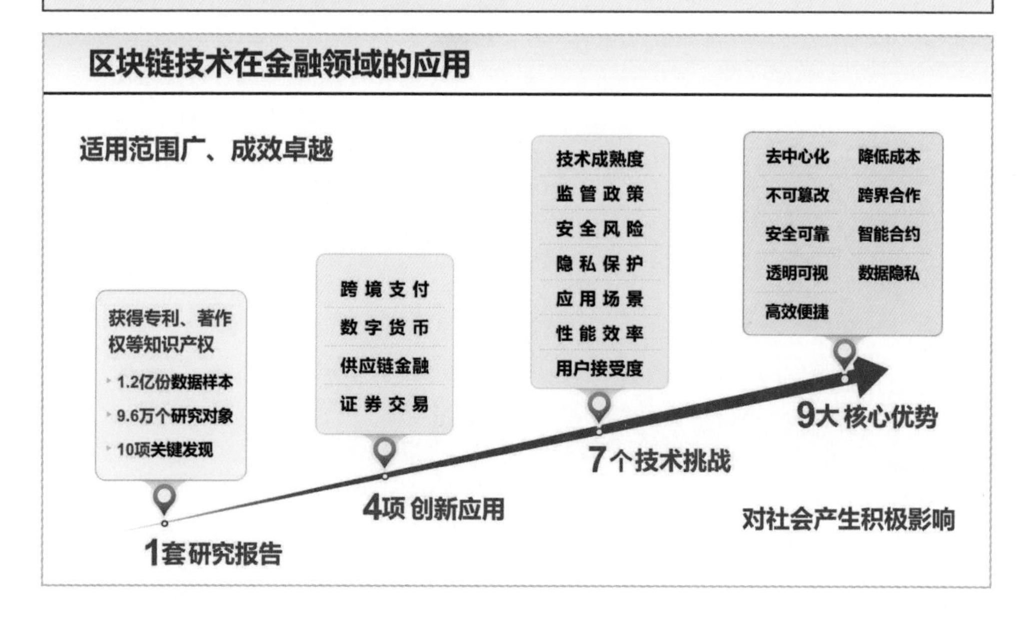

案例三丨内容包装前

我们着力实现全程监控一体化。

通过覆盖辖区主要港口、航道的“5站9中心”船舶交通管理系统、船舶自动识别系统、地理信息系统和实时气象信息系统，天气、港口、船舶动态一目了然。

依托5G无线专网，通过掌上视频监控平台，整合2000余路视频监控画面和港航单位视频监控资源，实现了全辖区重点监控区域的通航环境和通航情况一手掌控。

自主建成并全面推广行政检查系统，实现不向基层要数据报表，基层基本功得到持续提升，基层一线管控能力有效提升。

案例三丨内容包装后

我们着力实现全程监控一体化。通过智慧海事建设实现看得见、连得上、管得住。

看得见，通过覆盖辖区主要港口、航道的“5站9中心”船舶交通管理系统、船舶自动识别系统、地理信息系统和实时气象信息系统，天气、港口、船舶动态一目了然。

连得上，依托5G无线专网，通过掌上视频监控平台，整合2000余路视频监控画面和港航单位视频监控资源，实现了全辖区重点监控区域的通航环境和通航情况一手掌控。

管得住，自主建成并全面推广行政检查系统，实现不向基层要数据报表，基层基本功得到持续提升，基层一线管控能力有效提升。

包装前，读者很难在短时间内了解信息。为了方便记忆，根据每段内容提炼一个词，使内容与内容之间有联系。“看得见”“连得上”“管得住”三个词，朗朗上口、识别性高，同时内容也得到了升华。

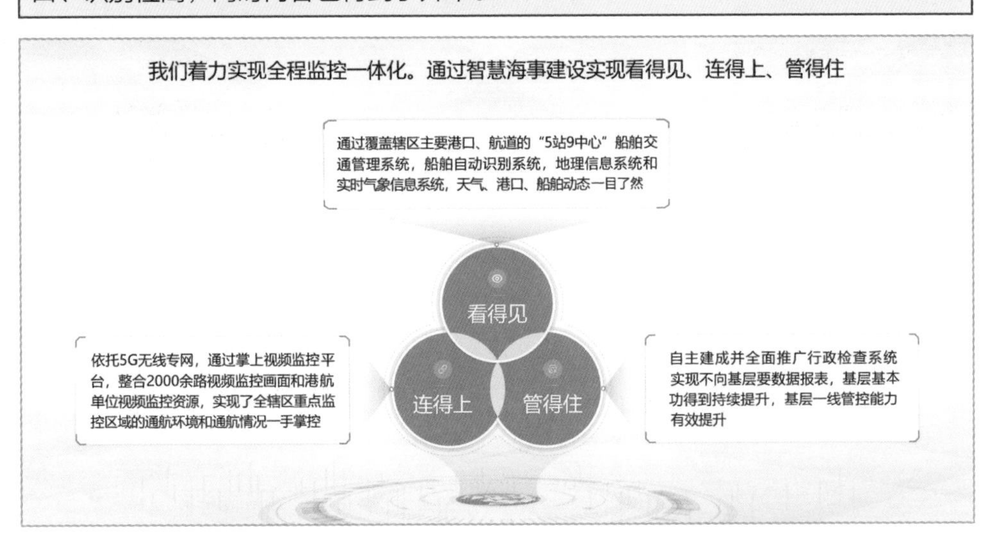

其他案例效果如下。

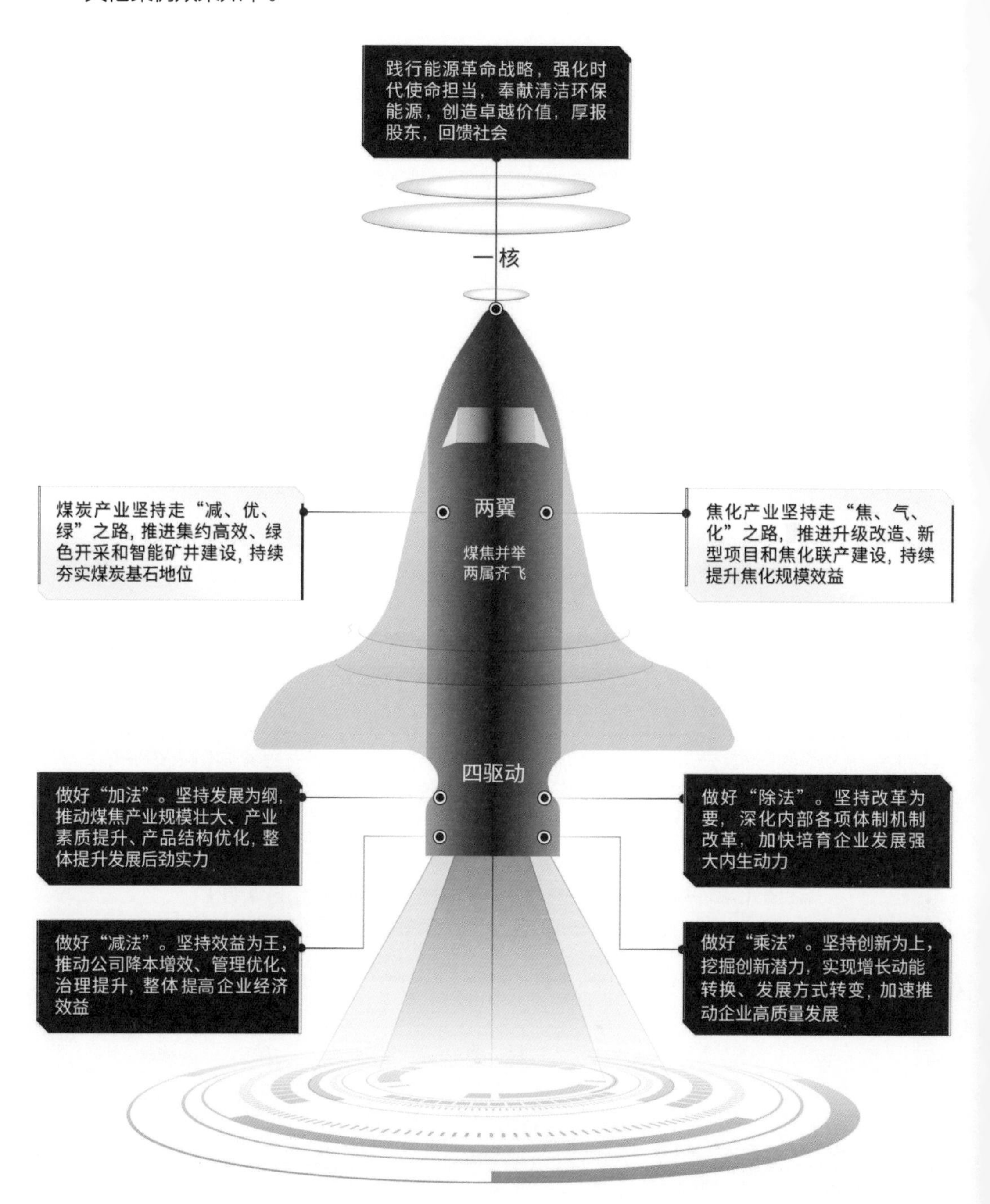

公司战略

构建“一核两翼四驱动”战略体系，打造现代卓越环保能源上市公司

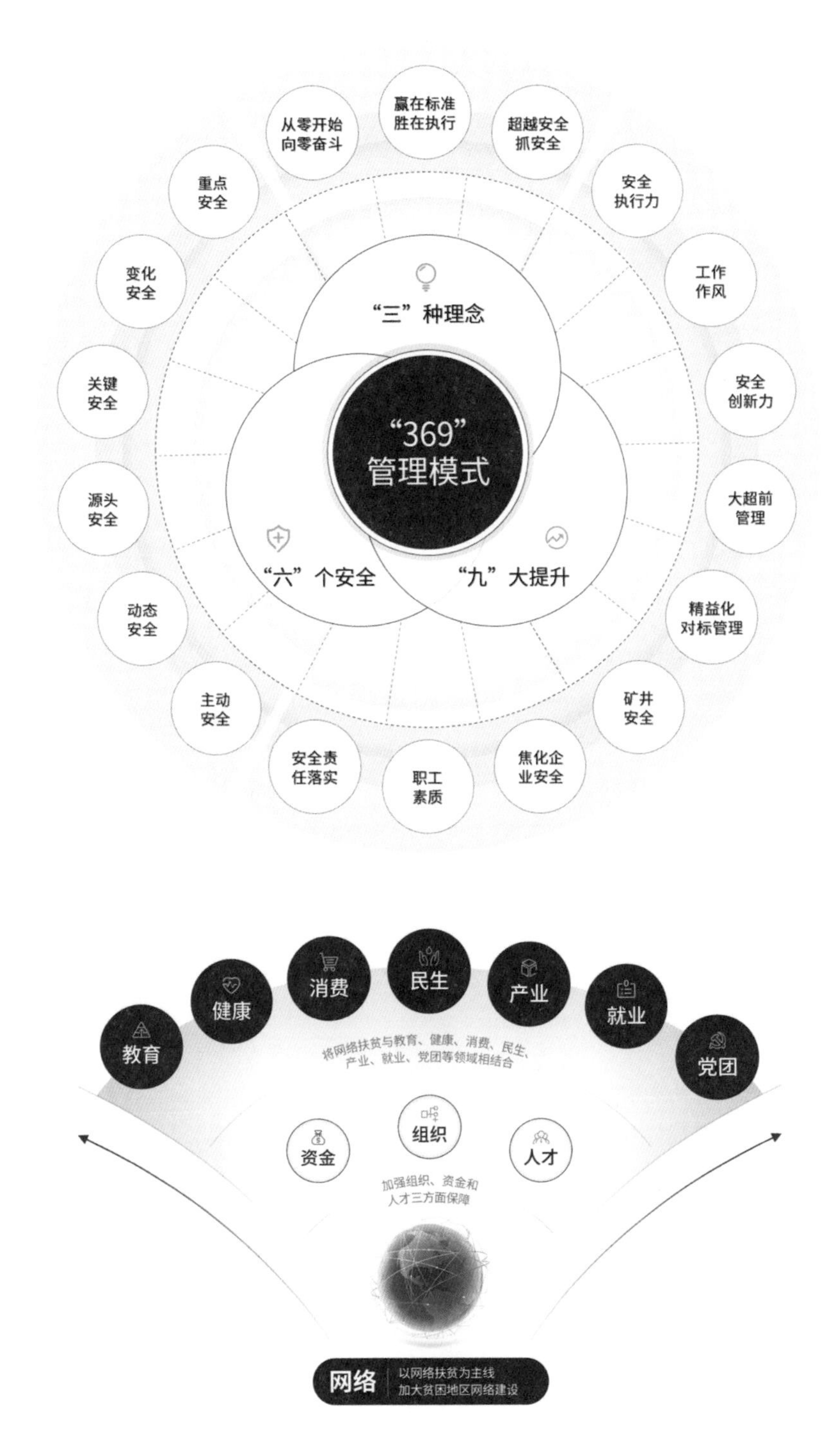

“1+3+X”体系框架的“网络+扶贫”模式

1：以网络扶贫为主线，加大贫困地区网络建设。3：加强组织、资金和人才三方面保障。X：将网络扶贫与教育、健康、消费、民生、产业、就业、党团等领域结合

案例：木林森文案的策略包装

木林森是一家家装工程公司，主要从事装饰材料销售，目前开设了1500平方米的木林森装饰体验馆，让顾客通过体验来感知公司销售的家居和建材产品，打造一个一站式家装工程公司。

现征集该公司广告词，要求文案让人一看就能铭记于心。

节奏句式

木林森，繁华都市中的森林生活

木林森，让装饰更艺术

木林森，请把森林带回家

看到未来的家——木林森

木林森，有家有爱有未来

装饰千算万算，木林森划算

一棵树，一片树林，一整个森林

木林森，努力向森林靠近

平衡句式

木林森时代，饰界更精彩

一个温馨的家，只在木林森

木·精于型，品·尊于家

大千馨饰界，唯美木林森

木·贵于艺，家·尊于心

好木成林，林聚成森

家居木林森，生活更清新

一木难成林，林郁自成森

口诀句式

木艺精，林距离，森呼吸

兴于木，成于林，归于森

一木参天，二木成林，三木成森

以木林森装饰体验馆为案例，从长句式到平衡句式、节奏句式、口诀句式的包装来看，同样是推销词，使用平衡句式、节奏句式和口诀句式的广告语看起来更短。

长句式

平衡句式

口诀句式

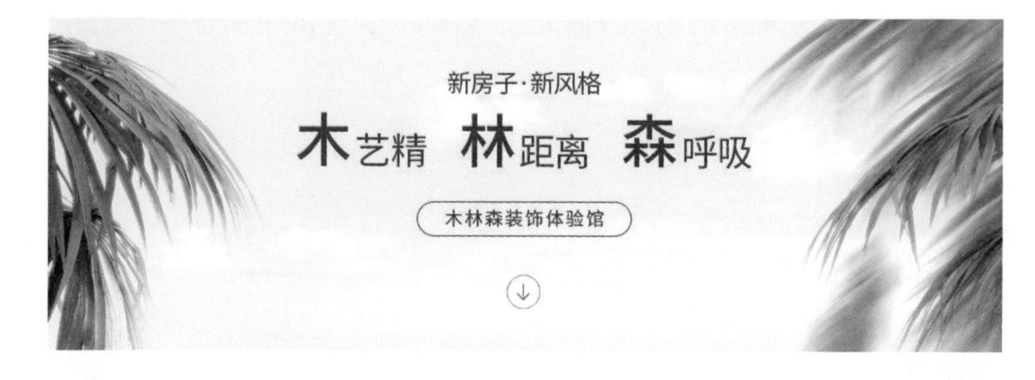

节奏句式

掌握内容包装核心法则，将几种心法灵活地应用到PPT中，让观众快速记住商家要表达的内容。

当下，越来越多的公司开始注重企业品牌的传播。从木林森装饰体验馆案例中可以看出，想要让广告语在千篇一律的广告中脱颖而出，让人过目不忘，就需要对内容进行精美包装。

在PPT设计中，想要让核心观点更加通俗易懂，让观众更认可，就要将精简后的文案进行策略包装。本章详细介绍了几种包装方法：前置观点，使重点内容更突出；改变句式节奏，使观众读起来更欢快；保持句式平衡，使版面布局更整齐；编写口诀，让观众读起来朗朗上口，更好记忆。

以上几种心法，希望读者能在实际工作中多运用，熟能生巧，掌握其精髓。同时，也鼓励读者慢慢摸索，找到其他更适合自己的内容包装策略，让文案更出彩。

文章合为时而著，歌诗合为事而作。

——白居易

第 3 章
标题设计

让 标 题 内 容 会 说 话

3.1 标题的设计公式

在生活中，我们阅读报纸、杂志时，总是会先扫一眼各版块的标题，了解大致内容，再选择自己感兴趣的版块进行阅读。若对标题不感兴趣，则会跳过这部分。由此可见标题的重要性。

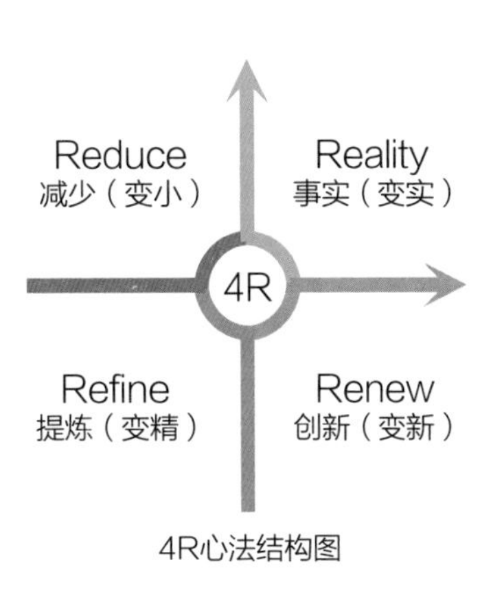

4R心法结构图

笔者总结出设计标题的4R心法，可以让你的标题引人注目。

- Reduce减少（变小）：字数减少，范围变小。
- Refine提炼（变精）：去除冗长，提炼精华。
- Reality事实（变实）：忠于内容，符合事实。
- Renew创新（变新）：更新内容，创新形式。

我们通过使用4R心法，可以达到让标题4变的目的：变小、变精、变实、变新，让标题内容更加通俗易懂、新颖夺目。

1. 变小

释义：变小有两层含义。一是在保证语义不变的情况下，标题的字数越少越好。二是标题所体现的范围越小越好。但是，要注意把握分寸，一味地压缩文字，会导致内容不具体、被夸大，这样的做法是不可取的。

改前：发展趋势

改后：互联网发展趋势

解析：原标题让人一看就觉得很空，显得太生硬，不利于信息的有效传播，因此需要缩小范围。修改后的标题缩小了范围，明确了标题内容为互联网发展趋势。

改前：机制健全

改后：风险管理机制健全

解析：原标题范围太宽泛，比较笼统，不利于观众理解，因此需要缩小范围。修改后的标题缩小了范围，限定了内容为风险管理机制健全。

2. 变精

释义：标题应当短小精悍，语句凝练。在信息传播时，简明的样式能更快捷地被感知，最先成为被注意的对象，从而形成记忆点。标题短看似和范围小有一些矛盾，但其实只是文字少，并非信息少，标题既要短小又要有内容。

改前：携手创新发展，合作共赢未来，深化内外一体融合，塑造全新产业生态

改后：创新发展，合作共赢，深化一体融合，塑造产业生态

解析：原标题太长，可将其进一步地精简，更利于迅速吸引观众的眼球。删减动词“携手”与限定词“内外”等并不会改变句意，标题却变得更简洁。

改前：全牌照金融版图构建资金资本资产闭环

改后：构建资金资本资产闭环

解析：原标题太长，可将其进一步地精简，更利于观众记忆。删减限定词“全牌照金融版图”并不会改变句意，标题却变得更简洁。

---

3. 变实

释义：变实有两层含义。一是标题要忠于内容，在概括内容时，不可虚构，可以从内容中选择一部分，但是这种选择不能歪曲基本内容，这是设计标题必须遵循的基本原则。二是内容要朴实，不能花里胡哨，让观众看得一头雾水。

改前：长江流域交通发展现状

改后：长江下游船舶交通发展现状

解析：原标题“长江流域交通发展现状”范围较宽泛，应该进一步地缩小，修改后的标题补充说明了具体位置，告诉观众讲述的是长江下游船舶交通发展现状。

改前：满足客户需求

改后：金融创新满足客户需求

解析：原标题“满足客户需求”不够具体，应补全信息，怎样满足客户需求？修改后的标题意思更具体而明确，告知观众通过金融创新满足客户需求。

4. 变新

释义：变新有两层含义。一是内容新，指的是标新立异，新益求新，避免用别人使用过的、千篇一律的标题。二是形式新，在标题的字体和表现形式上进行设计，让标题更出彩。

改前：忠实客户

改后：长期合作挚友

解析：原标题“忠实客户”读起来平淡无奇，修改后的标题“长期合作挚友”表达了公司与甲方客户精诚合作、力求互利共赢的伙伴关系，改后的标题显得更加亲切。

改前：公司简介

改后：另类投资引领者

解析：原标题平淡无新意，修改后的标题表达了公司的定位是引领另类投资，给投资者带来最理想的投资回报，另辟蹊径，显得与众不同。

小结：标题是内容的浓缩升华，好的标题能够在第一时间吸引观众的注意力。笔者独创的设计标题的4R心法，可以帮助读者更快地凝练好的标题，让内容传播更高效。

3.2 标题的创作技巧

写PPT文案和写文章其实是一样的流程，它们都有一个隐形的结构贯穿始终。在写PPT文案或写文章之前，用思维导图将大纲先确定下来，再围绕大纲对每部分进行细分，待所有内容全部确认，最后进行具体的写作。

无论是写PPT文案还是设计PPT，PPT都必须包含以下几项：封面、序言、目录、过渡、总结和封底。

此处只介绍写PPT文案的步骤，后文会详细介绍怎样做得更好。

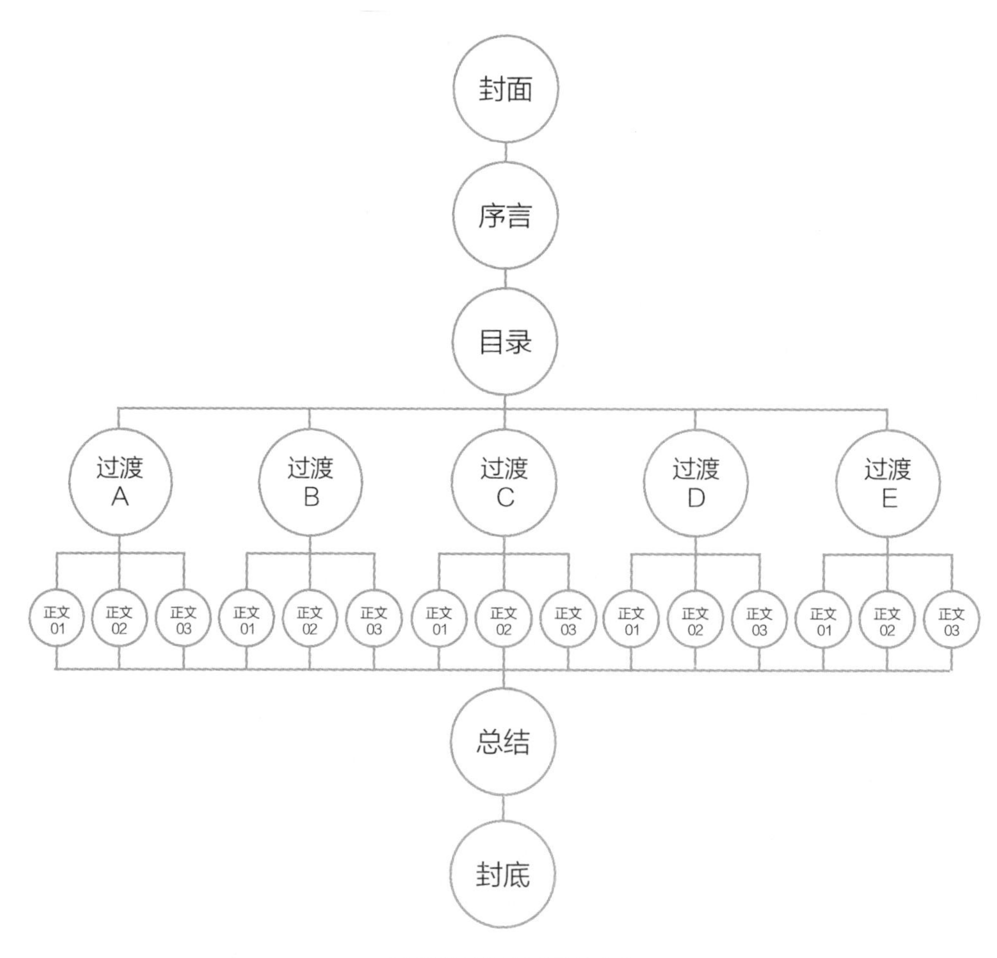

PPT整体结构化思维演示图

通常看PPT的目录或标题，便知道它讲的是什么内容。如何设计标题才能既强化内容信息，又能加深观众的印象呢？PPT文案标题和其他商品文案标题不同，PPT文案标题需要直接概括每一页的核心内容，不需要拐弯抹角。

列出详细大纲就是一个概括和总结的过程，可以理解为大纲中的文字就是初步确定的标题。做PPT之前应先列出大纲，确认无误后再准备每一页的文字内容，不要做一页想一页，这样会走很多弯路。

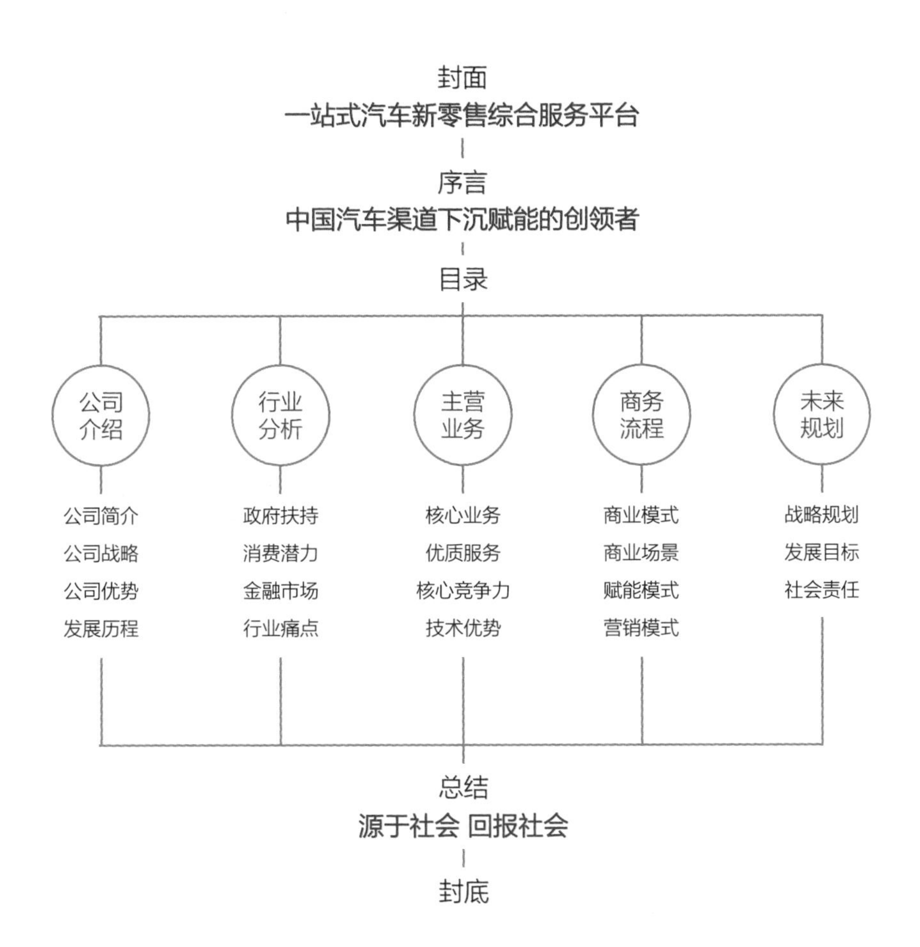

下面这个案例正是基于设计标题的4R心法完成的。

变小	上图中的“金融市场”是一个较宽泛的概念，描述得不够准确，可以修改为“维保/金融市场现状”，限定金融市场当前所存在的问题，更强调眼下的情形，将金融市场的范围缩小。
变精	以上标题已经按照变精的要求精简，无须再做调整。

对现有的框架标题进一步润色，目的是吸引观众。若原标题过于简短，就会导致主体内容信息不全，不能精准地表达文章或PPT的内容。就好比写书，目录越详细，越能勾起读者的阅读欲望；反之，读者会认为书里没有多少内容。设计PPT标题也是如此，标题不仅要简单，还要具体。

设计标题的思路，通常是先将第一时间想到的标题写出来，当全部构思完成后，再将每部分内容填充完整，待内容确认无误后，可根据内容重新设计标题，具体设计的方法将在3.3节介绍。

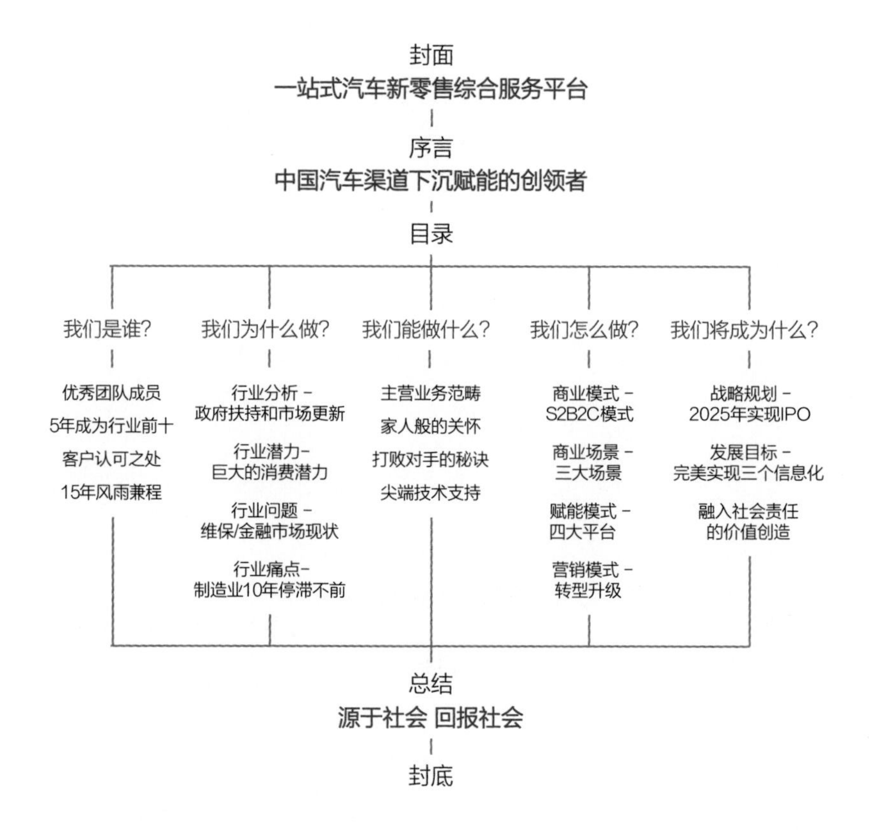

变实	原标题“战略规划”，读者观其是无法快速理解具体含义的。修改后的“战略规划-2025年实现IPO”，将规划进一步落实，明确了时间期限。
变新	原标题“公司介绍”“行业分析”“主营业务”太普通了，修改后为“我们是谁？”“我们为什么做？”“我们能做什么？”拉近了与观众之间的距离，显得与众不同、亲切和善。

使用设计标题的4R心法，将标题中宽泛的概念进一步缩小范围，精简文字，充实核心观点，让内容落到实处，将标题的内容以更新颖的方式呈现，让你的标题焕然一新。

下面的案例是中国汽车聚焦三线、四线、五线城市的渠道问题，针对线上平台、线下店面和车主服务，打造S2B2C新零售模式。本案例是PPT中的一页，客户要求提炼一个标题，给出两个信息“赋能”“中国第一”。根据信息提示，找出关键词，再将关键词的同义词全部找出，并通过绘制结构化思维导图，让所有的信息呈现在我们面前，便于进一步构思。

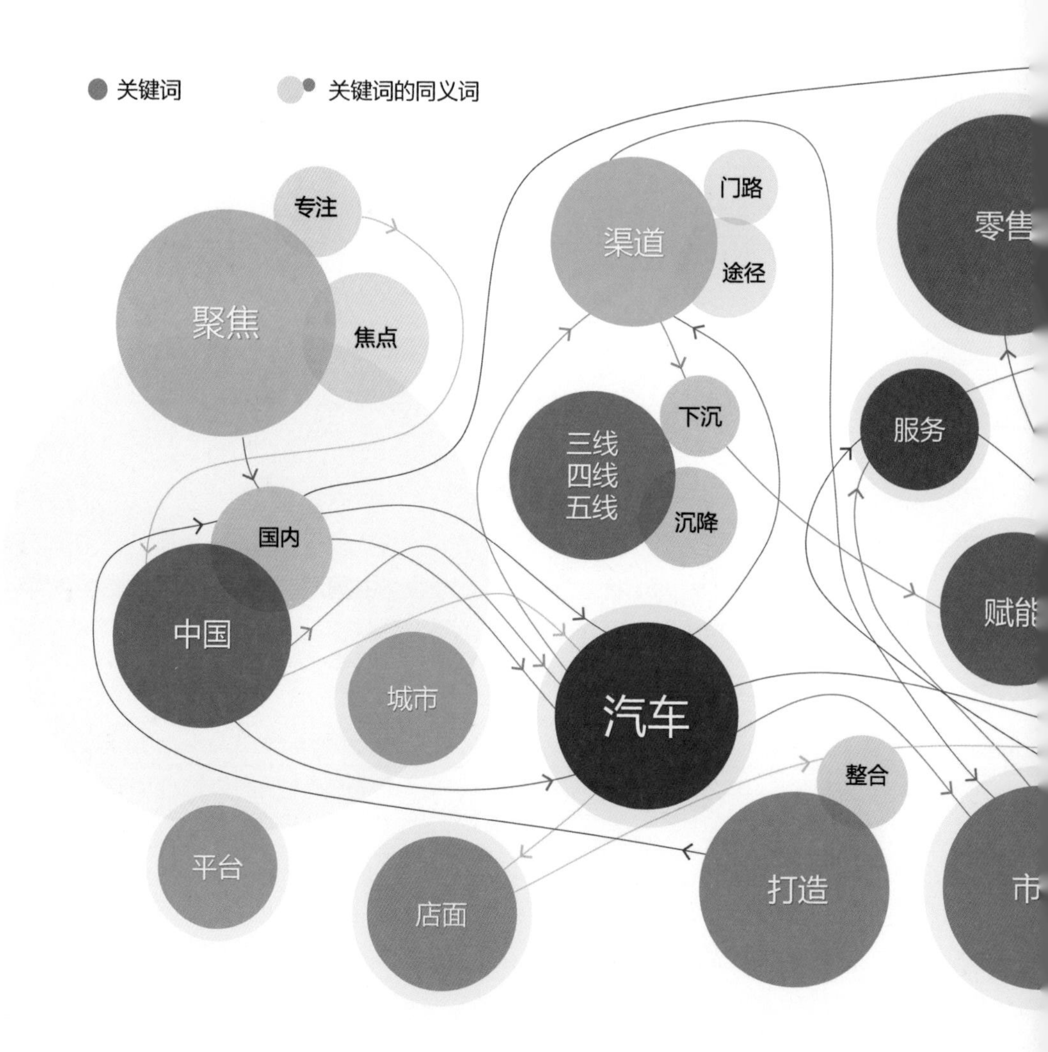

运用结构化思维导图，从多个维度获取关键词的重要信息，将这些信息重组并进行创意再造，可以构建出很多优质的标题，从中挑选一个最合适的标题。当然，这种方法可以运用到很多工作上。

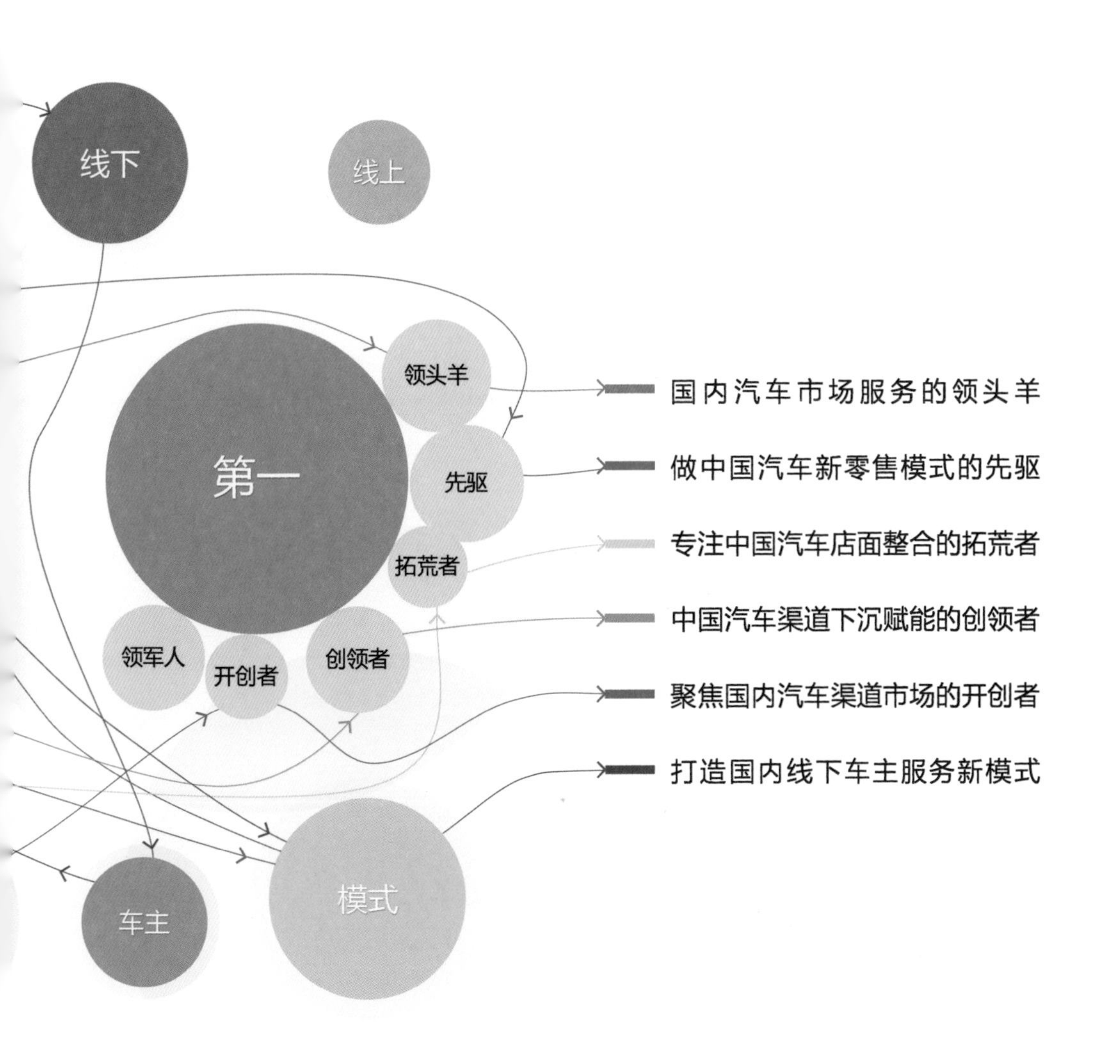

用一条线将关键词串联起来，可以让工作变得高效且不再枯燥，赶紧行动起来，让我们的标题变得不再单一。

3.3 标题的常见类型

在设置标题时，我们要多花些时间和精力，标题中的每个文字、字母、空格都很重要。本节介绍标题的一些常见类型，帮助读者在设计标题时拓宽思路。

1. 如何式

释义：给出具体信息、有用建议，以及解决问题之道。

案例：01. 如何帮助主机厂达成目标？
02. 如何在30天内戒烟？
03. 如何提高员工的工作效率？
04. 如何打败你的竞争对手？
05. 如何委婉拒绝别人？
06. 如何将简单派对变为皇家舞会？
07. 如何写文章更好更快？
08. 如何改掉坏习惯？
09. 如何在10分钟内化好妆出门？
10. 如何得到客户的认可？

“如何式”标题，意在开门见山，重点突出，让观众一目了然。

2. 问答式

释义：往往专注于观众本身的利益，想对方所想。

案例：01. 我们做了哪些事——招商核心策略包装
02. 怎样处理客户投诉——先认真倾听，再解决
03. 我们是谁——绎奇传媒核心团队简介
04. 你晚上睡得好吗——三招帮你改善睡眠质量
05. 酸奶行业如何创新——莫斯利安首创常温酸奶
06. 为什么孩子一到冬天就容易咳嗽？听10年资深宝妈怎么说
07. 孩子一哭，难道就只能妥协吗？为什么不试试这个方法
08. 怎样写作文？六百万人的共同选择
09. 什么时候正式开奖？就在今晚20点

10. 如何用10秒把堵塞的鼻子变通畅？用它喷一喷，舒服一整天！

“问答式”标题，意在更快地激发观众的阅读兴趣，引人深思，提高互动性。

---

3. 预知式

释义：提出对未来的规划，预测未来可能出现的情况。

案例：01. 医生预测，他最多还能活五年

02. 总监说，今年销售业绩将大幅下降

03. 总经理突然宣布，他下个月将离职

04. 气象台预测，这个月本市将遇强降雨

05. 校长宣布，今年毕业典礼将延期到下周举行

06. 老师通知，今天下雨，体育课取消

07. 专家指出，该项技术将对互联网行业产生深远影响

08. 紧急通知！明天晚上将有5级大风

09. 钟南山最新预测，冬季病毒将卷土重来

10. 专家预警，海平面将逐年上升

“预知式”标题，意在告诉观众即将发生的事，让人提前准备。

---

4. 并列式

释义：句式整齐划一，字数前后相等、节奏一致。

案例：01. 造福产业，谱写华章

02. 坚持绿色发展，共筑美好家园

03. 抓住发展机遇，创造美好价值

04. 追求卓越品质，缔造美好生活

05. 打破行政区划，融合协同发展

06. 抓好试点，树立典型

07. 加强指导，健全措施

08. 新鲜直达，美味到家

09. 丰富服务产品，满足市场需求

10. 完善海外布局，共绘繁荣之路

“并列式”标题的特点是富有音韵美，读起来朗朗上口，让人过目不忘。

5. 数字式

释义：呈现具体的数字，以数字的形式来概括相关主题。

案例：01. 决胜“双百”关键年，股权改革激发新动能

02. 2019年，我们的一千米

03. 瑞行百年，丰泽万家

04. 在岗一分钟，安全六十秒

05. 迎接八方来客，全力保障首届进博会

06. 一个人成功的必备五因素

07. 计划今年销量突破3万件

08. 用1瓶=200张面膜，它可以帮你节省1年的面膜

09. 14岁辍学，29岁身价过亿，这个90后女孩做了什么

10. 宝贵股市快讯，现在只要超低价69元

“数字式”标题，意在给观众留下深刻的印象，与观众的心灵产生奇妙的碰撞。

---

6. 延续式

释义：前后句紧密相连，二者是不可分割的整体。

案例：01. 少年强则国强，中国的90后是世界上最好的90后

02. 她在最美的年纪里，选择做最真实的自己

03. 恭喜你！在25岁前看到了这篇最靠谱的眼霜测评

04. 最先进的产品理念，造就“安心家”

05. 广聚爱，发于心

06. 康健世人，弘济众生

07. 学会这几招，让您立刻年轻三岁

08. 不必久等，快速办理公司登记

09. 撑不下去的时候，就看看这30张图

10. 看了这本书，把全家人的健康管起来

“延续式”标题，意在化长句为连贯的短句，点燃观众的好奇心。

7. 引导式

释义：前半句为引入部分，后半句才是核心。

案例：01. 居安思危：和平年代仍要保持警惕

02. 锦囊妙计：三招让你的PPT既有逻辑又有力量

03. 专用车：用工匠精神打造民族工业

04. 4×4战略：商业服务体系

05. 妙用挂烫机，百元货烫出奢侈品质感

06. 发展目标：完美实现三个信息化

07. 战略规划：2025年实现IPO

08. 超智力：前瞻科技，心有灵犀

09. 超颜力：先锋设计，颜值超群

10. 投资模式：买入、修复、退出

"引导式"标题，意在使引入部分与核心结合，一步步引人入胜。

---

8. 夸张式

释义：对事物的某些方面特意夸大或缩小，突出特征。

案例：01. 世界级康养区\中国区域销售经理

02. 高度发达的全面开放区

03. 连接ICT世界中的一切

04. "全球第一家轿"迎来新成员

05. 中国顶级营销团队

06. 这么做，保准最快集齐五福

07. 石油工人一声吼，地球也要抖三抖

08. 震惊！汽车不按时保养，竟然会变成这样

09. 一组超管用的健身方法，不看后悔

10. 这绝对是今年最火的电影！

"夸张式"标题，意在用夸张的词语造势，更容易引发观众评论。

9. 陈述式

释义：用朴实无华的语言叙述某个事实或阐述观点。

案例：01. 强化安全教育培训

02. 切实履行社会责任

03. 应用场景1：内网应用

04. 2020年中国电商消费新动能论坛邀请函

05. 构建可持续发展的美好未来

06. 提高成绩最快的方法

07. 你也一样可以免费试听

08. 搭建跨界合作平台

09. 建设绿色生态圈

10. 全方位灾害救助

“陈述式“标题的特点是语句平实，更加客观，让人信服。

---

10. 强调式

释义：突出强调某些重点内容，表达强烈情感。

案例：01. 常温酸奶首创者

02. 国内首席营养师

03. 世界5G技术先锋

04. 世界最美面孔

05. 全球领先的制药服务平台

06. 顶尖的师资团队

07. 电影级别的震撼效果

08. 数量有限！仅剩最后3个名额

09. 欲购从速！前十名享半价优惠

10. 新鲜出炉！星巴克冬季新品上市

“强调式”标题，意在突出重点，主题鲜明。

效率是做好工作的灵魂。

——切斯特菲尔德

第4章

版面设计

塑 造 有 影 响 力 的 作 品

4.1 制作标准模板

制作PPT标准模板是一个重要的工作，涵盖封面、目录、内页、跨页和封底等多个制作环节。

封面的设计应该突出主题，体现演示的风格与氛围。封面布局要简洁明了、字号适中，便于读者快速获取相关信息。

目录用于列举演示内容的结构和顺序，方便读者定位相关的章节和页面。可以考虑使用简洁的样式来设计目录，使其在整个PPT中具有较强的可读性。

内页包括标题及正文内容，需要根据主题对内页进行分组和段落设置。选择合适的字体和字号，确保文字易读，并注意行间距和段间距，以提高版面的整齐度和可读性。

在需要强调关键信息或与前后页面进行衔接的情况下，可以使用跨页设计。跨页设计不能给观众带来混乱的感觉，应根据演示的逻辑进行合理安排。

封底用于结束演示并致谢，注意封底的设计应与整个PPT风格一致，保持整体感觉的统一。

通过以上细致的设计流程，你可以创建一个专业、精美且易读的PPT标准模板。在制作的过程中，还要注意排版规则、可视化表达和用户体验，以增强演示效果。

4.1.1 制作封面

学术型PPT封面的制作方法有三种。

方法一 丨 选择能够代表学校或单位特色的建筑图片。

可以选择标志性建筑图片、历史建筑图片或最新的建筑图片。

方法二 | 使用与研究领域相关的素材。

这类封面不仅能够吸引观众的注意力，还能够直观地传达研究的核心信息或主题，这种封面设计方法更适合学术答辩PPT或专业报告PPT。

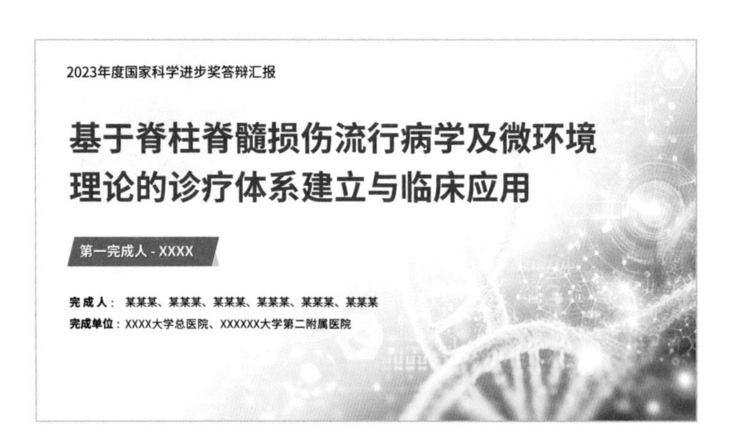

方法三 | 使用抽象元素作为背景图。

将抽象元素作为背景图，通过调整元素大小、位置和角度，使其在封面上呈现出独特的视觉效果。可以使用渐变、重复、叠加等设计效果，增加层次感和动态效果。

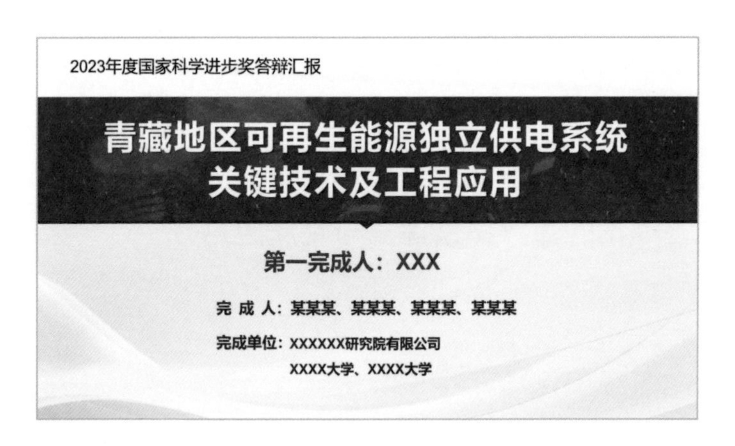

封面内容对齐的方法也有三种。

方法一 | 居中：最常用的对齐方式，在我们的工作案例中约占60%。

方法二 | 左对齐：在我们的工作案例中约占30%。

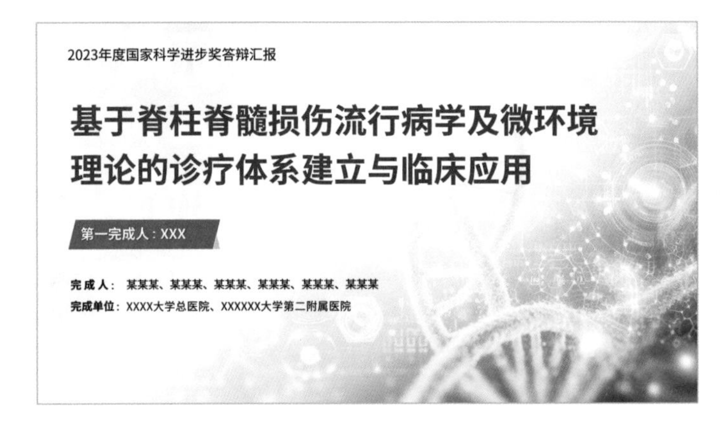

方法三 | 右对齐，在我们的工作案例中约占10%。

4.1.2 制作目录

制作目录的常用方法有以下几种。

方法一 | 图片配文字。

图片建议使用项目成果图或代表性建筑的图。

方法二 | 抽象背景。

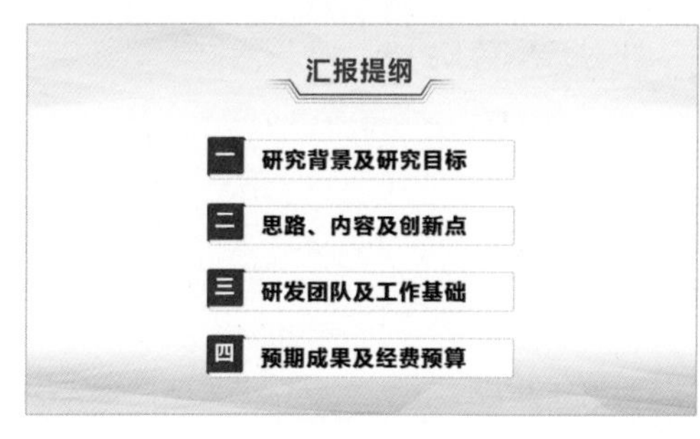

方法三 | 图形+干净背景。

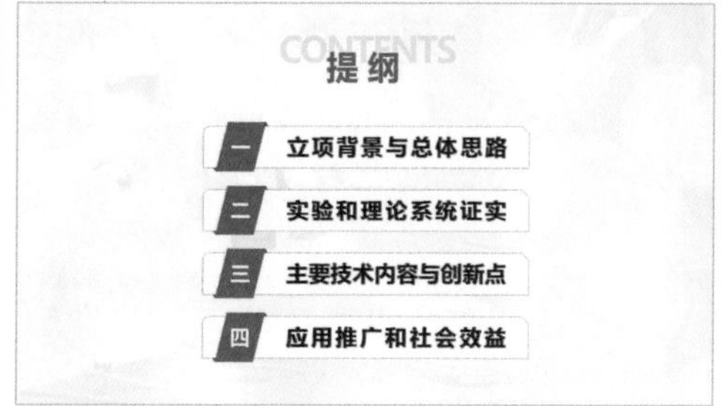

展示在封面上的文字内容，建议每条内容字数尽量一样多。

修改前：

修改后：

4.1.3 制作内页

1. 内页的标题设计

选择合适的字体和字号。使用易读的字体来突出标题，如微软雅黑字体，字号选用28~32号，文字加粗。

根据需要，可以在标题上做装饰性设计以增加内容层次感，但注意不要过度装饰，以免分散观众的注意力。

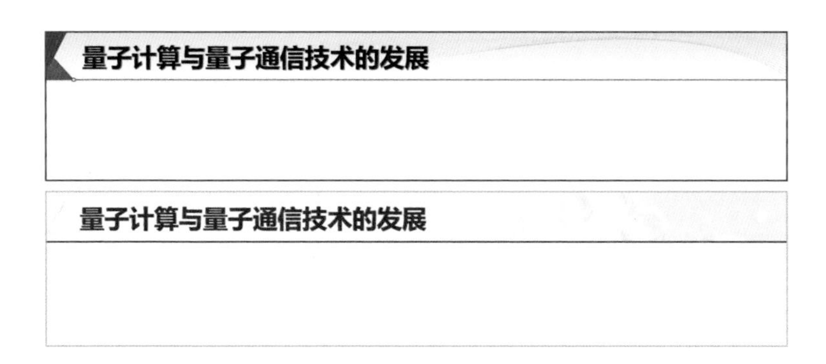

2. 内页的页码设计

为PPT设计页码是为了帮助观众和演讲者快速定位到特定页面，并提供演示内容的结构和进度信息。

通常将页码放置在每个内页的底部右下角位置，或者放在内页的右上角位置。

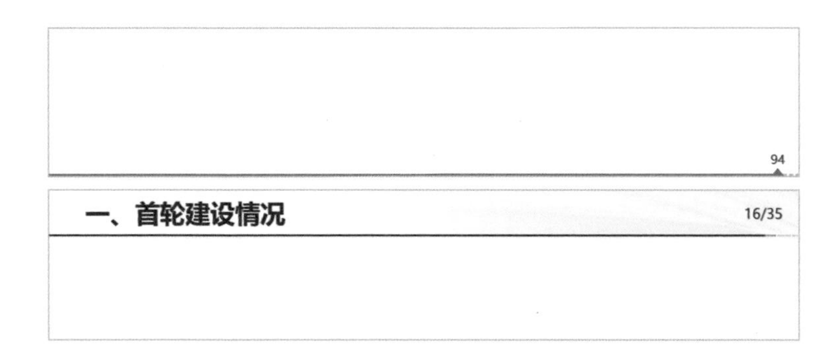

4.1.4 制作跨页

创新/发明点是非常重要的部分，通常会进行跨页设计，目的是使观众清楚地知道现在的演讲进度。

内容有两种撰写方法：①直接讲创新成果，例如研发了……技术，解决了……难题；②讲创新成果解决了哪些关键技术问题：针对……难题，解决了……除此之外，建议列举创新点对应的专利。

方法一 丨直接讲创新成果。

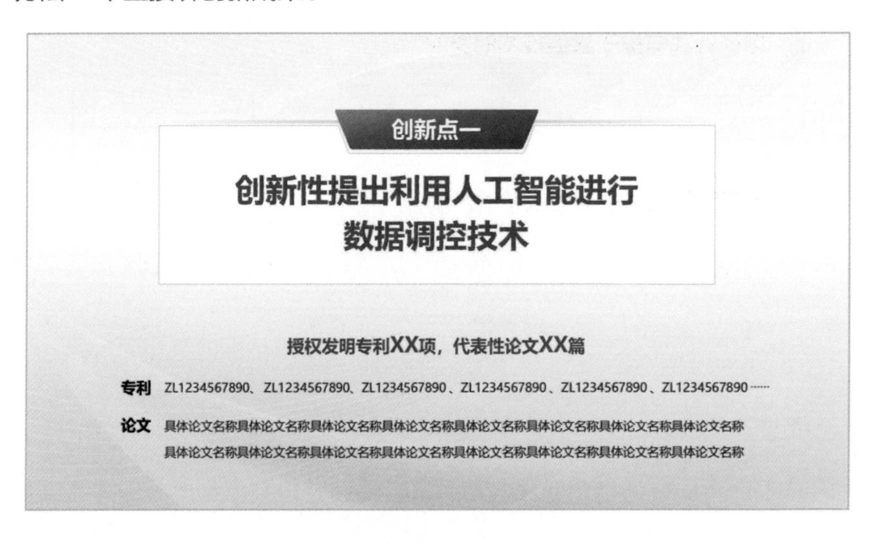

方法二 丨讲创新成果解决了哪些关键技术问题。

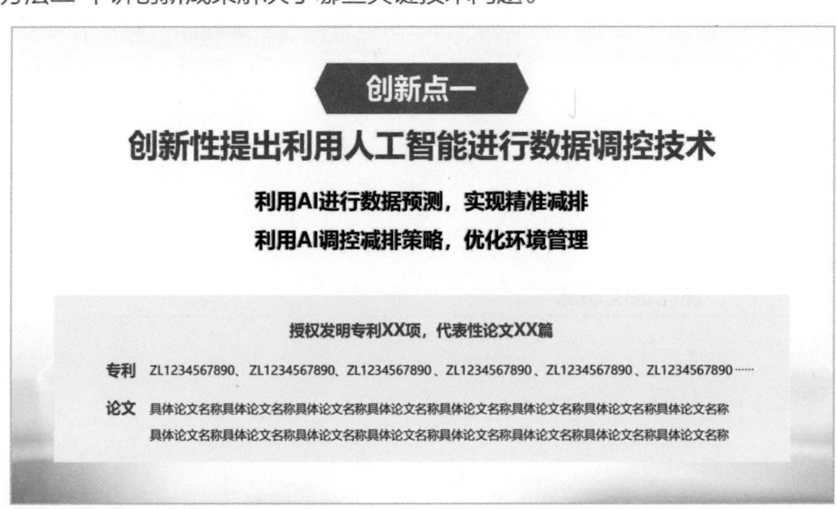

4.1.5 制作封底

制作PPT封底也是非常重要的，封底不仅可用来表明整个演示的结束，也是给观众留下深刻印象的最后机会。

制作封底通常不需要太多的元素，保持简洁和专业性。避免在封底放置太多内容，否则可能会显得混乱。为了美观，可以在封底留出一些空白区域，让设计看起来更加整洁。

方法一 | 使用学校建筑和行业属性的图片。

方法二 | 使用抽象背景。

4.2 设计法则

设计法则是指在制作PPT时应遵循的一些原则和规范，以帮助演讲者更好地传达信息并增强沟通效果。保持整个PPT风格的一致性和统一性非常重要，选择相同的字体、颜色和布局样式，以及使用统一的图标和符号，有利于提升整体视觉效果，减少观众分散注意力。

网格制图是一个非常有用的设计技巧。通过将PPT页面划分为标准化网格，可以保持元素对齐和版面整齐。网格制图也有助于创建具有对称美、比例均衡的PPT页面，使得整个PPT看起来更加统一和专业。

标准版心是指页面中的主要内容区域，通过设置参考线，可以准确划定版心所在的位置和大小。

合理设置参考线并遵循参考线规范，能使文字内容布局清晰，使信息的呈现简洁明了，优化视觉效果。

模板提供了预设的配色方案和文字规范，可用于快速设计PPT页面。正确地使用模板可以节省大量的时间和精力。在使用模板时，要避免过度装饰或套用不相符的样式。模板只是起点，个性化和定制化设计才是打造独特PPT的关键。

在选择字体和字号时，需要考虑字体的易读性和统一性。选择常用的字体，如微软雅黑、Arial、Times New Roman等，这些字体不仅使用广泛，而且易于阅读。对于标题和正文文字，应注意选择适当的字号以确保文字在屏幕上清晰可读。

同时，设置文字间距对于整体排版非常重要，字间距和行间距会影响文字的流畅性和可读性。过大的行距可能使文字看起来孤立和分散，而过小的行距会使文字显得拥挤和难以阅读。因此，应根据字体和字号适当调整行距，使文字之间有适度的空隙，平衡布局。同样，段落间距、字词间距等都需要合理设置，以增加文字的可读性并提高视觉美感。

4.2.1 辅助线设置

以下是16：9尺寸的三种常用辅助线参数。

高版面率：

中版面率：

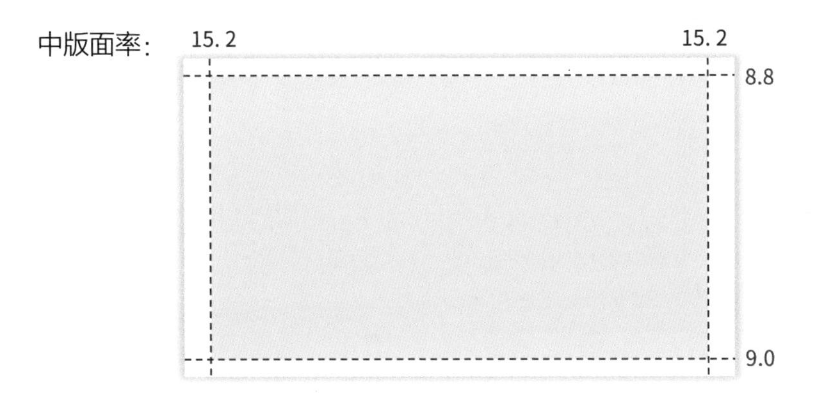

低版面率：

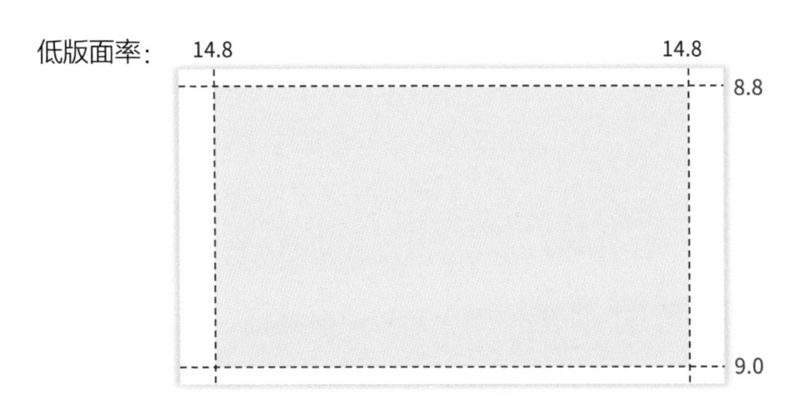

以下是4：3尺寸的三种常用辅助线参数。

高版面率：

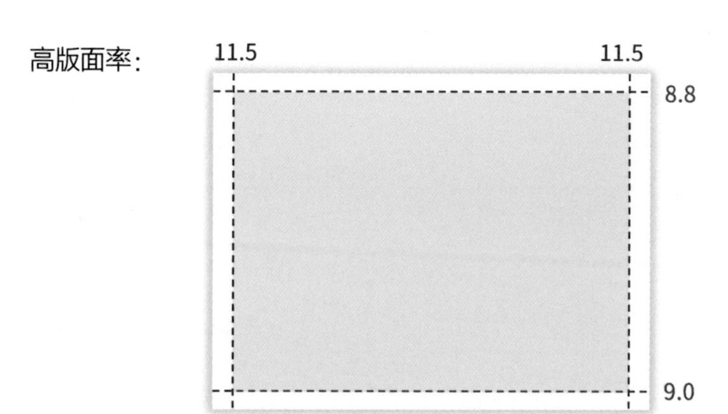

中版面率：

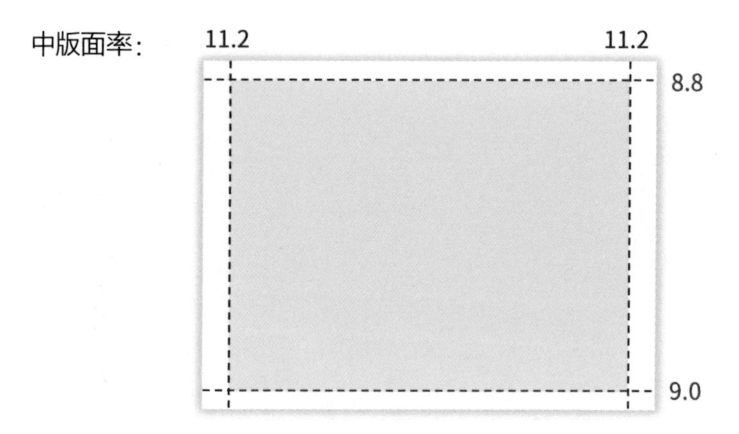

低版面率：

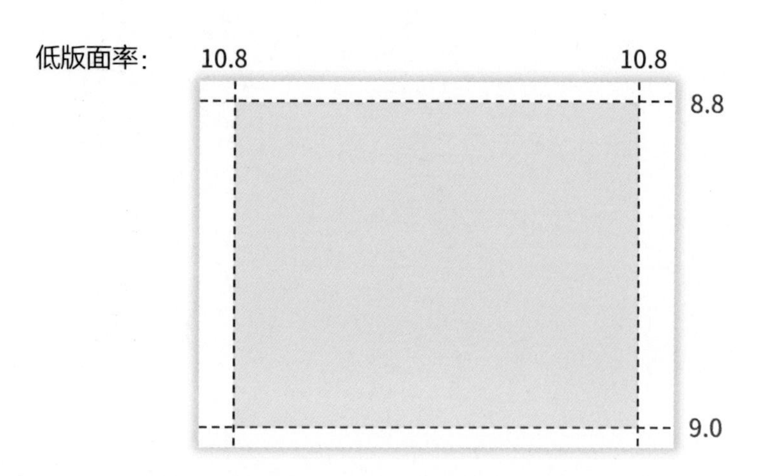

4.2.2 网格化制图

网格是一个被垂直轴线和水平轴线分隔、比例协调的坐标系统，是用来控制文字和图像位置的排版设计矩阵。可以把图片和文字放置在网格里，能在视觉上创建条理分明、整齐的页面。

在不同时期和地域，人们对网格有不同的称谓，如标准尺寸系统、程序版面设计网格、比例版面设计网格、瑞士版面设计网格。

网格化制图是为元素提供对齐依据的一种版面设计方法。根据内容来设计网格，再将内容编排进设计好的网格中，这样能有效地控制版面中的留白比例。

网格化制图分为4个步骤：制定版心、熟悉内容、设计网格和编排内容。

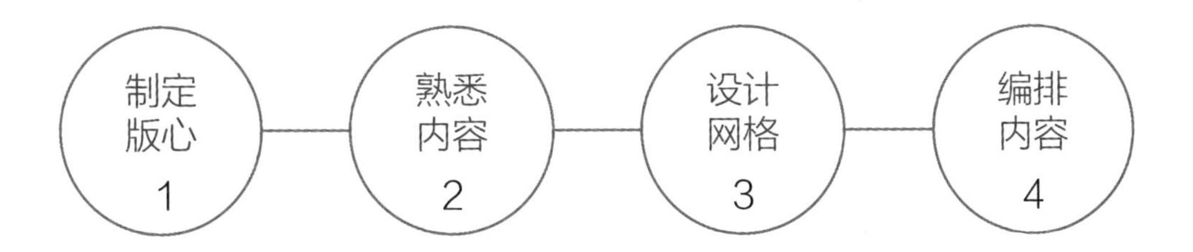

1. 制定版心

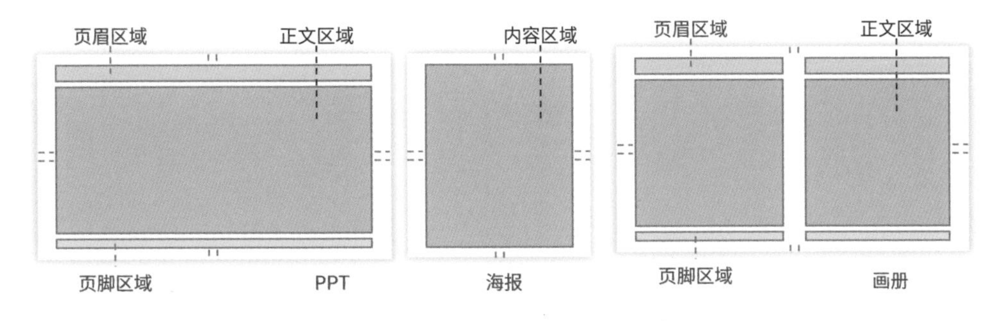

海报、画册和PPT的版心因媒介的不同而不同，需要我们针对性地制定。

页眉、正文和页脚所组成的区域就是版心，制定版心可以让版面更具条理性，也保证了内容的识别度和前后页版式的一致性。

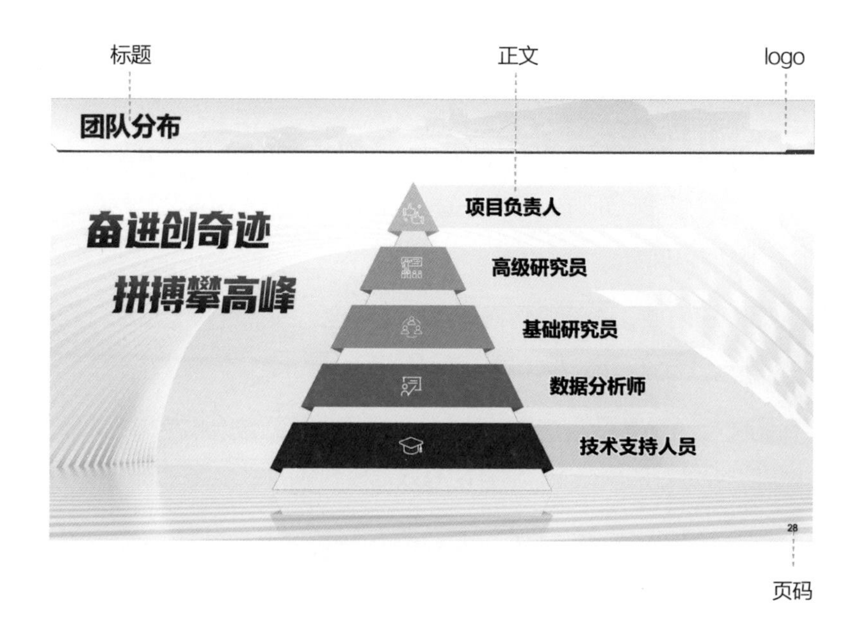

页眉区域主要放标题和logo，正文区域主要放文字和图片，页脚区域主要放页码。

因为文字和图片都在版心范围内，所以确定版心非常关键。一页中通常有页眉、正文和页脚三个区域，主要设计重点在正文区域。

（1）参考线规范。

常规PPT的两种比例尺寸分别是16：9 和 4：3。在“网格和参考线”菜单中可以调出参考线和网格线。

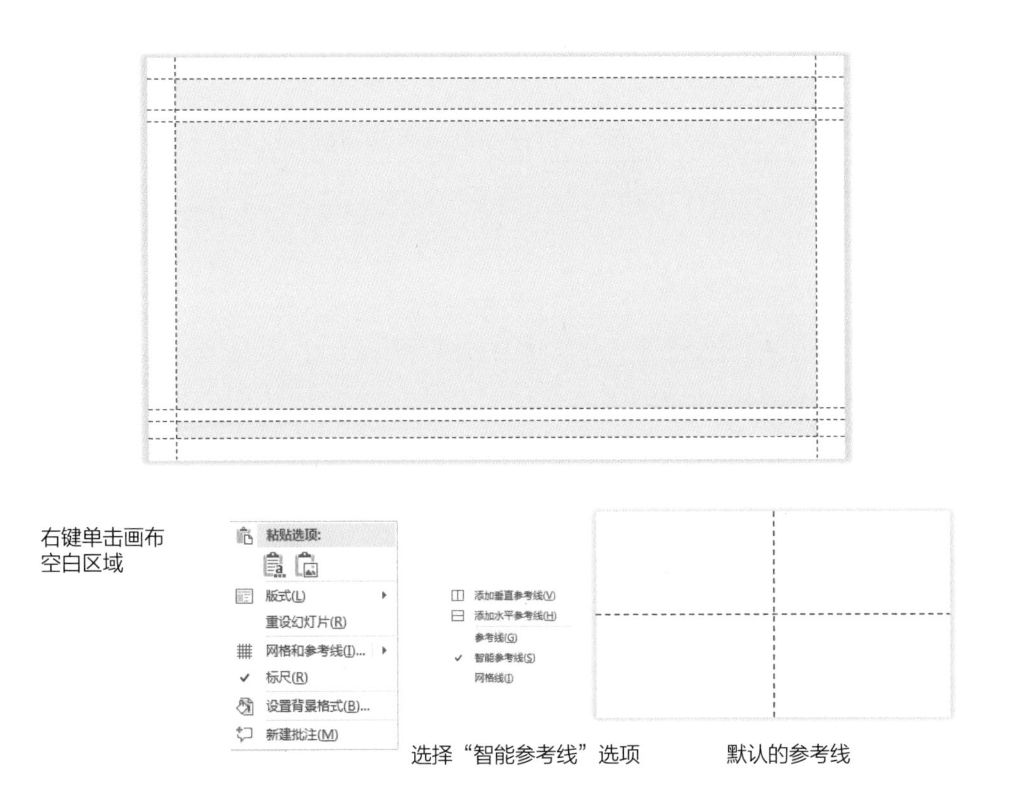

调出参考线后，可以移动参考线，通过添加垂直参考线和水平参考线使其符合参考线的建立规范。

那么问题来了，垂直参考线和水平参考线的位置应该如何设置呢？版本和尺寸不同，画布的大小也不同，导致参考线的位置不同。

参考线上、下、左、右参数设置标准如下：

版本	尺寸	画布宽度和高度/像素	最左和最右参考线位置区间/像素	最上和最下参考线位置区间/像素
2013~2016	16：9	33.867×19.05	15~15.5（两边参数一致）	上（8.8） 下（9）
	4：3	25.4×19.05	11.3~11.5（两边参数一致）	上（8.8） 下（9）
2007~2010	16：9	25.4×14.29	11~11.5（两边参数一致）	上（8.8） 下（9）
	4：3	25.4×19.05	11.3~11.5（两边参数一致）	上（8.8） 下（9）

16：9

4：3

版心中的横向四条线（除了最高和最低的两条）的参数设置根据内容多少来定，设置上、下、左、右四条线后，一定不能越线，否则会破坏页面。

（2）版面率。

版面率就是版心所占页面的比例，通俗地讲就是版面的利用率。上、下、左、右四条线的设置越靠外，版面率越高；反之，版面率越低。

上面左图中版心的面积非常大，四周的留白少，版面的利用率高，所以版面率就高。上面右图版心面积小，版面的利用率比左图版面的利用率低，所以版面率就低一些。

关于版面，有满版与空版的概念。满版就是没有天头地脚与左右页边距的版面，此时版心即整个版面，版面率为100%。空版就是版面率为0%的版面，我们在看一本书时，经常会遇到空白版面。

版面率越高，能够呈现在版面中的信息就越多，视觉张力就越大，版面也更显丰富。通常封面、跨页和结尾页都是高版面率的版面设计。

版面率低虽然减少了承载的信息量，但由此产生了更多的留白，给人留下高雅与宁静的印象，版面也更有格调。较多的名牌化妆品画册都是低版面率的版面设计。

版面率的高低能够影响版面的风格，我们在实际工作中要根据项目的风格需求设置合适的版面率。例如，典雅气质的项目我们要用低版面率的版面，高版面率显然与项目本身的风格是相悖的。

2. 熟悉内容

厘清内容关系，将内容按重要程度来区分，由此计算内容区域的数量。

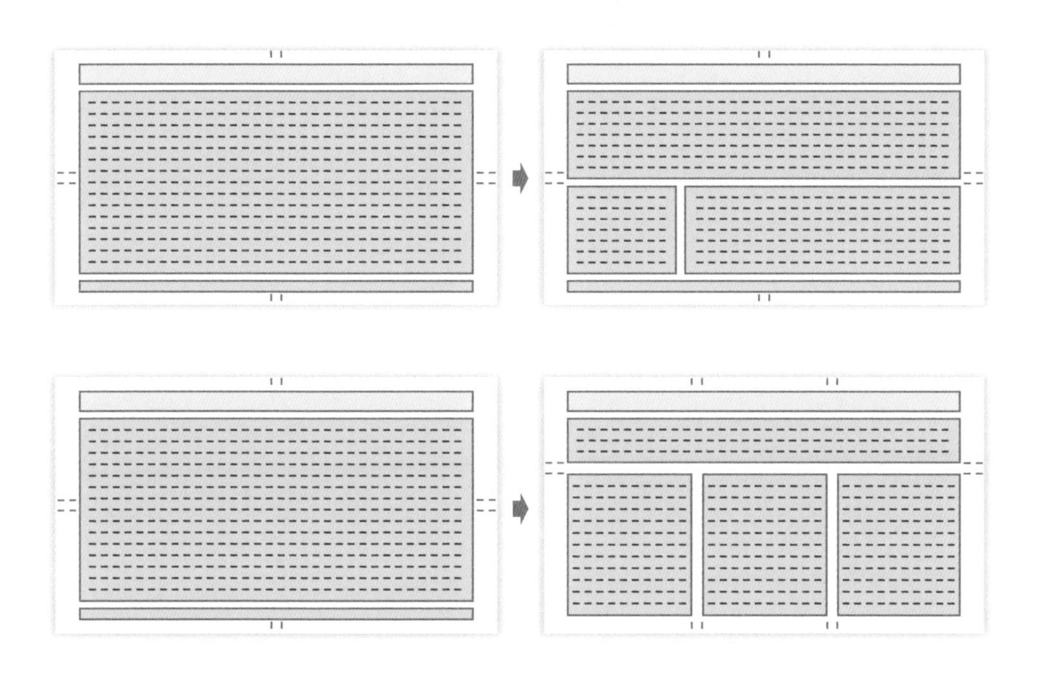

3.设计网格

确定好版心后，根据文字内容选择合适的网格类型，以让版面的变化性更大。模块化的网格结构，可以同时规范垂直和水平方向的页面比例，让版面的编排更有统一感。

注意：在正文区域，文字、图表和图标内容必须在网格范围内，图片内容可以合理超出此范围。

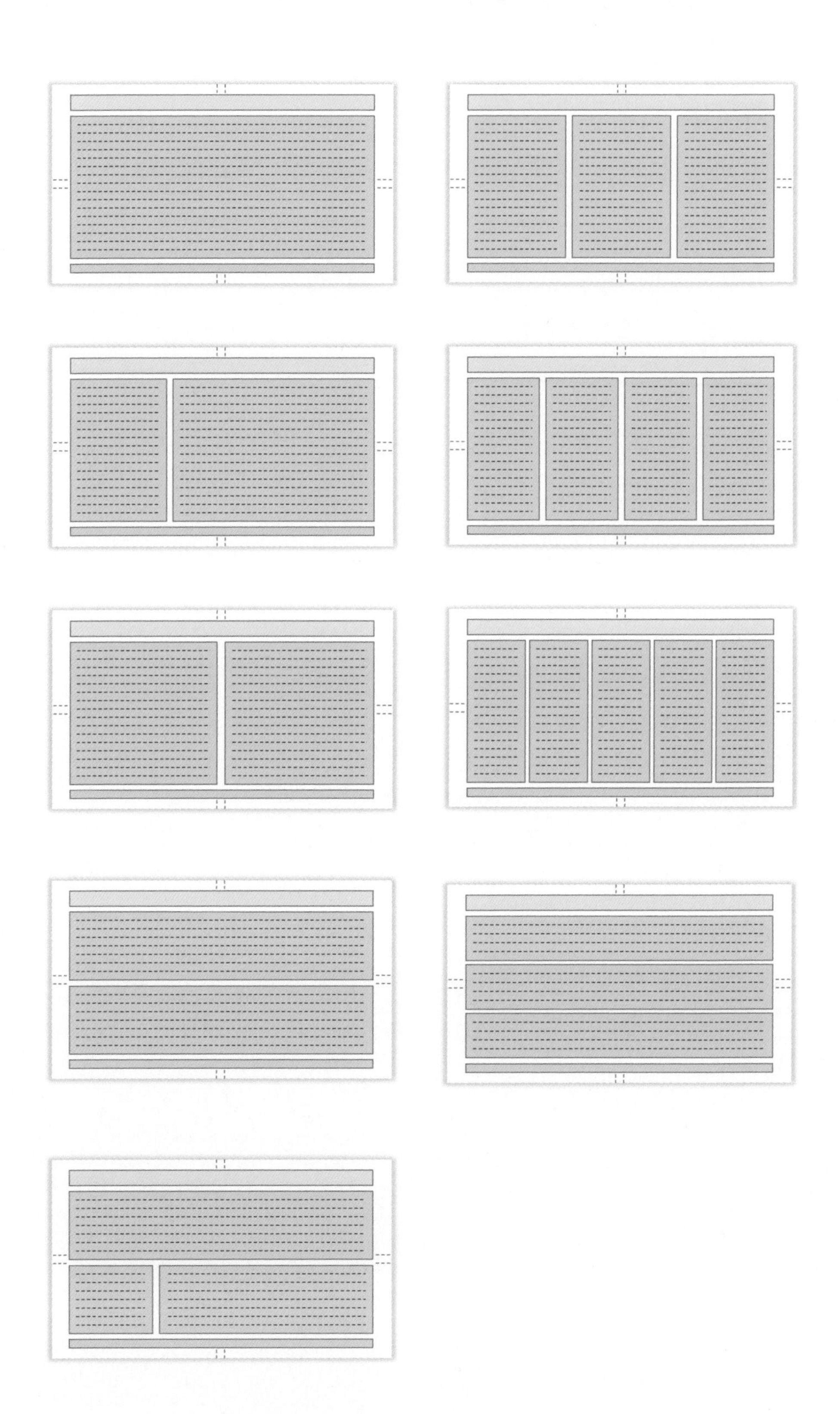

4. 编排内容

网格结构划分好后，将现有文字内容按照划分的结构进行布局。版心内的各个元素必须与网格结构对齐，与页面整体保持稳定的比例关系。

当然，不能认为学会网格化制图就可以马上做出高级感的页面，这需要长时间的实操和一定的审美能力。

（1）行长。

行长即每行文字的长度。

若一行文字太长，就会让人的视线移动很长的距离，导致阅读文章困难，并且行长太长会增加视线切换到下一行的距离。相反，行长过短会使人在阅读中频繁换行，文章读起来显得断断续续，观众有时不知读到哪里，有时还得重复阅读同一行，这样就不能流畅地阅读文章。

设定行长的要领是观众在阅读时不需要改变头部的阅读方向，只需要移动视线就能读完一行，这样的行长是比较合适的。

（2）分栏。

文字的行长会直接影响阅读体验，当行长太长时，需将其分隔成较短的行长。承载文字块的区域称为栏。栏与栏之间的间距称为栏间距。同时，栏间距也会作为图片与文字的间隔距离。

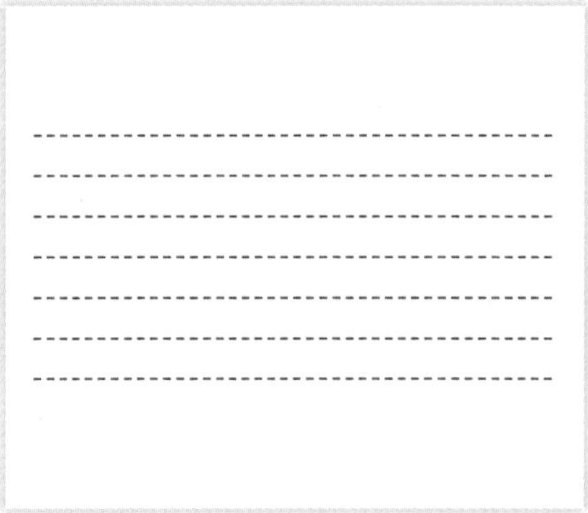

“分栏”一般用于排版。

分栏是合理设定行长、方便阅读而使用的方法。

无论是横排还是竖排的文章，经常需要在文字多的文章中使用分栏的方法将文章分为两栏或多栏，直至调整到合适阅读的行长，这是文档编辑的一个基本方法。

4.2.3 文案层级关系

在工作中，我们可能经常遇到大段的文字而不知如何编排。这里介绍一种方法，让文案层级关系清晰明了。

商业案例

绎奇演示及管理制度

01 关于我们-创新驱动的设计公司：关于绎奇、规范公司治理、践行商业道德

02 业务采购-互惠互利的协作关系：供应商管理关系、可持续价值传播、商业诚信管理、供应商交流

上面的文字关系需要仔细辨别才能明白，这样会浪费大量时间。这时我们需要对文字进行一定的规范处理，让层级关系明确。

梳理清楚内容之间的层级，并将重要和次要的内容进行区分。

绎奇 · 演示及管理制度

▶ 关于我们-创新驱动的设计公司

-关 于 绎 奇

- 规范公司治理

- 践行商业道德

▶ 业务采购-互惠互利的协作关系

- 供应商管理关系

- 可持续价值传播

- 商 业 诚 信 管 理

-供 应 商 交 流

以上是标准的文字表现手法，可以通过字体和字号、颜色、符号和文字间距四项设计法则来实现。

设计法则1：字体和字号选择

所有标题都选用一个系列的字体，不同级别的标题设置稍有差别，从而区分层次。如下图，从上往下看，字形由粗到细递减，字号由大到小递减。一级标题字体选用阿里巴巴普惠体B，二级标题字体选用阿里巴巴普惠体M，三级标题字体选用阿里巴巴普惠体L。而字号由大到小递减，一级标题用24号，二级标题用18号，三级标题用14号。

绎奇·演示及管理制度

一级标题
阿里巴巴普惠体 B（24号）

▶ 关于我们–创新驱动的设计公司

二级标题
阿里巴巴普惠体 M（18号）

–关 于 绎 奇

– 规范公司治理

三级标题
阿里巴巴普惠体 L（14号）

– 践行商业道德

▶ 业务采购–互惠互利的协作关系

– 供应商管理关系

– 可持续价值传播

– 商 业 诚 信 管 理

–供 应 商 交 流

我们可以通过文字笔画的粗细与字号的大小来展示文字的层级关系。笔画越粗，文字的重要程度就越高；字号越大，视觉效果就越突出。

以下是三组不同的字体，它们的笔画是由细到粗进行排列的。

思源黑体	阿里巴巴普惠体	优设标题黑

除了笔画的粗细，字号也是在PPT中呈现文字层级关系的重要手段。字号越大，视觉效果越突出。在下面的案例中，字号大小从最下层的60号开始向上逐级递减，呈现出视觉金字塔的效果。因此，PPT一级标题字号最大，二级标题字号次之，三级标题字号最小。

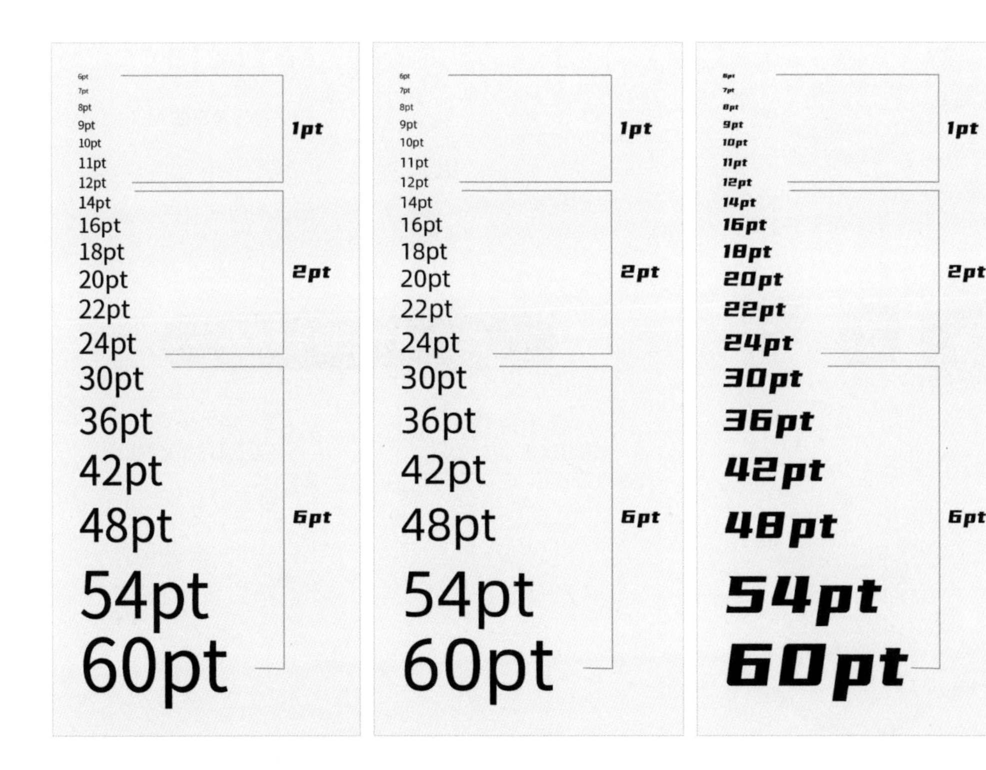

设计法则2：颜色选择（详见 4.3节）

文字的颜色随着标题级别的不同而有所区分。一级标题往往是最核心的部分，因此文字颜色最深，二级标题颜色次之，三级标题颜色最浅。

我们可以通过两种典型的方法进行设置。

一是通过色彩透明度的改变来凸显重点内容。颜色越深，视觉效果越突出。

二是通过色彩面积的大小来优化层级关系。色彩面积越大，视觉效果越突出。

通过色彩透明度

1 2 3

绎奇-演示及管理制度

关于我们
创新驱动的设计公司

关于绎奇传媒
公司治理规范
践行商业道德

业务采购
互惠互利的协作关系

供应商管理关系
可持续价值传播
商业诚信管理
供应商交流

通过色彩面积的大小

绎奇-演示及管理制度

关于我们
创新驱动的设计公司

关于绎奇传媒
公司治理规范
践行商业道德

业务采购
互惠互利的协作关系

供应商管理关系
可持续价值传播
商 业 诚 信 管 理
供 应 商 交 流

设计法则3：符号选择

不同级别的标题使用不同的项目符号加以区分，相同级别的标题使用相同的项目符号。

绎奇·演示及管理制度

1 关于我们 创新驱动的设计公司

- 关 于 绎 奇
- 规范公司治理
- 践行商业道德

2 业务采购 互惠互利的协作关系

- 供应商管理关系
- 可持续价值传播
- 商业诚信管理
- 供 应 商 交 流

二级标题

三级标题

绎奇·演示及管理制度

关于我们 创新驱动的设计公司

- 关 于 绎 奇
- 规范公司治理
- 践行商业道德

业务采购 互惠互利的协作关系

- 供应商管理关系
- 可持续价值传播
- 商业诚信管理
- 供 应 商 交 流

二级标题

三级标题

设计法则4：文字间距设置

相同级别标题的文字间距是相同的，不同级别标题的文字间距要有所区分。如下图，三级标题之间的间距是相同的，二级标题与三级标题的间距要大于三级标题之间的间距。而具体文字间距的选择是由页面的尺寸与所留空间来定的，没有固定的参考值，读者在实际应用中要学会随机应变。

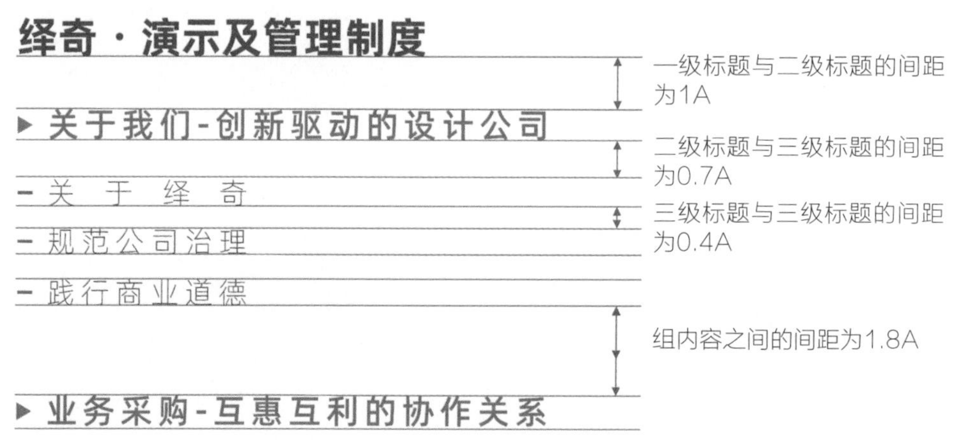

疏可跑马，密不透风。

这是篆刻艺术上常用的一句话，意思是篆刻讲究有疏有密，疏的地方要宽可走马，而密的地方要密不透风。笔者认为内容与内容之间也要讲究松弛有道。

太疏：无整体感，关系不明确

绎奇·演示管理制度

» 关于我们-创新驱动的设计公司
- 关　于　绎　奇
- 规范公司治理
- 践行商业道德

» 业务采购-互惠互利的协作关系
- 供应商管理关系
- 可持续价值传播
- 商业诚信管理
- 供　应　商　交　流

太密：有压迫感

绎奇·演示管理制度

» 关于我们-创新驱动的设计公司
- 关　于　绎　奇
- 规范公司治理
- 践行商业道德

» 业务采购-互惠互利的协作关系
- 供应商管理关系
- 可持续价值传播
- 商业诚信管理
- 供　应　商　交　流

文字排列太疏，会使文字内容不够整体化，逻辑关系不明确，层次不分明。

文字排列太密，会让读者觉得有压迫感，页面没有“呼吸感”。

文字排列间距适中，相同标题的间距是一样的，间距的稀疏关系恰巧对应文字层级的亲密关系，不仅便于观众阅读，还会让文字层级更分明，使整个页面更有呼吸感、设计感。

正常

绎奇·演示管理制度

» 关于我们-创新驱动的设计公司
- 关　于　绎　奇
- 规范公司治理
- 践行商业道德

» 业务采购-互惠互利的协作关系
- 供应商管理关系
- 可持续价值传播
- 商业诚信管理
- 供　应　商　交　流

可以通过设置文字间距改变文字层级关系。

虽然下面的文字布局能清楚地表示文字层级，但还是不够清晰，没有力度。文字块之间的距离都为9pt，并不能根据文字间距来区分文字层级。

通过设置文字色彩和线条，也可以改变文字层级关系。

通过调整色彩可改变文字层级之间的相对关系。可以加重主要信息的颜色。相对而言，也可以减弱内文颜色，让文字层级更加清晰。调整线条的粗细也能区分文字的主次关系。

2024
绽放视界演示力
完美演绎
BLOOMING VISION,
PERFECT
INTE RPRETATION 2021
企业首选供应商服务内容
介绍及案例
SERVICE CONTENT
INTRODUCTION AND CASE
南京绎奇广告传媒有限公司

2024
绽放视界演示力
完美演绎
BLOOMING VISION,
PERFECT
INTE RPRETATION 2021
企业首选供应商服务内容
介绍及案例
SERVICE CONTENT
INTRODUCTION AND CASE
南京绎奇广告传媒有限公司
Nanjing Yiqi Advertising Media Co., Ltd
Perfect interpretation
Demonstration power of blooming horizons

以上介绍了展示文字层级关系的四项设计法则，通过字体和字号、颜色、符号、文字间距这四种方式，可将文字之间隐藏的层级关系通过可视化的方式凸显出来。

文字笔画的粗细、颜色的深浅、符号的差异、文字间距的大小，这些对观众来说都是一目了然的，而文字之间的层级关系，是一条隐藏的线，需要观众花时间去仔细分析。

在PPT中，我们通过可视化的方式，将文字层级的这条隐藏的线索凸显出来，便于观众捕捉关键信息，令信息的传播更加高效与快捷。

4.2.4 标准模板使用规范

1. 模板使用规范

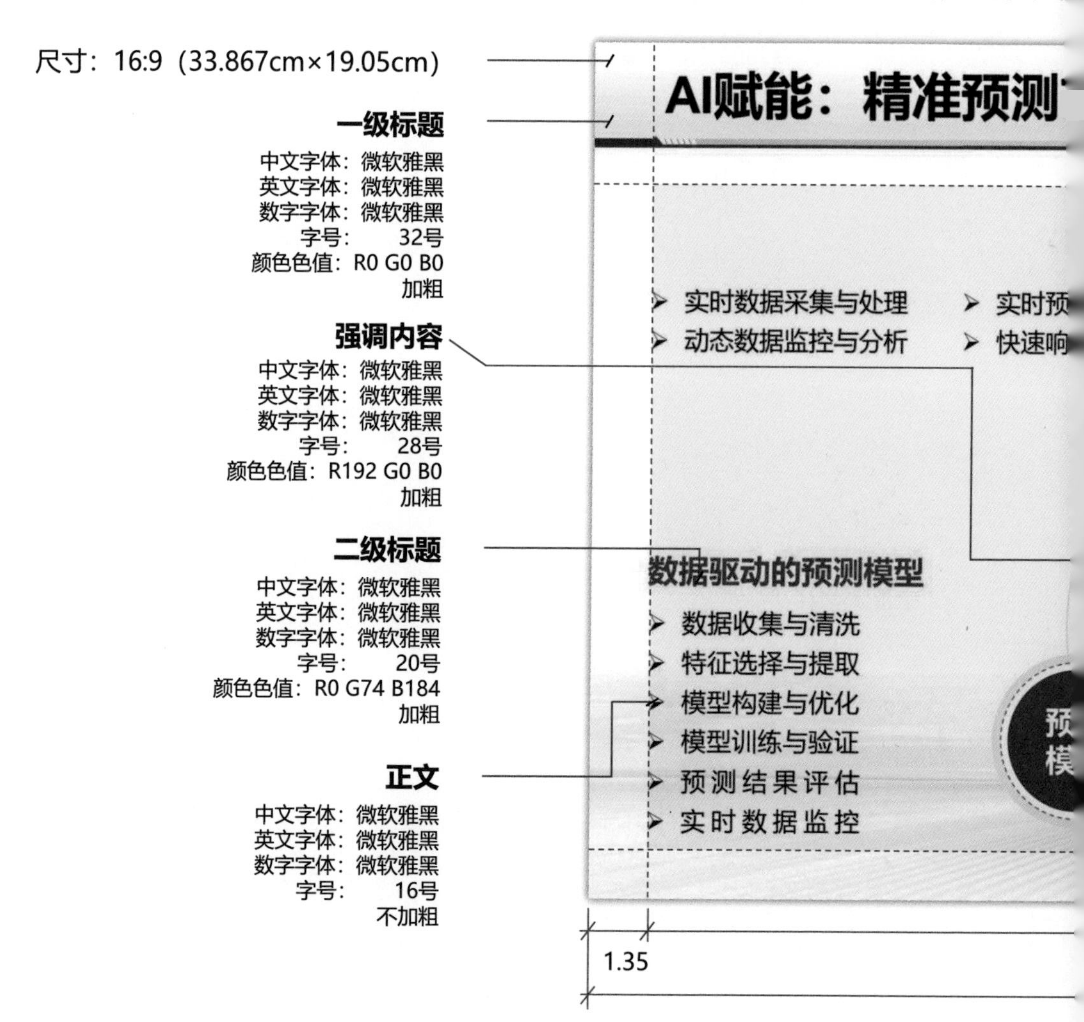

等内容不可超出该区域，图片内容可以超出，前提是必须贴边放置

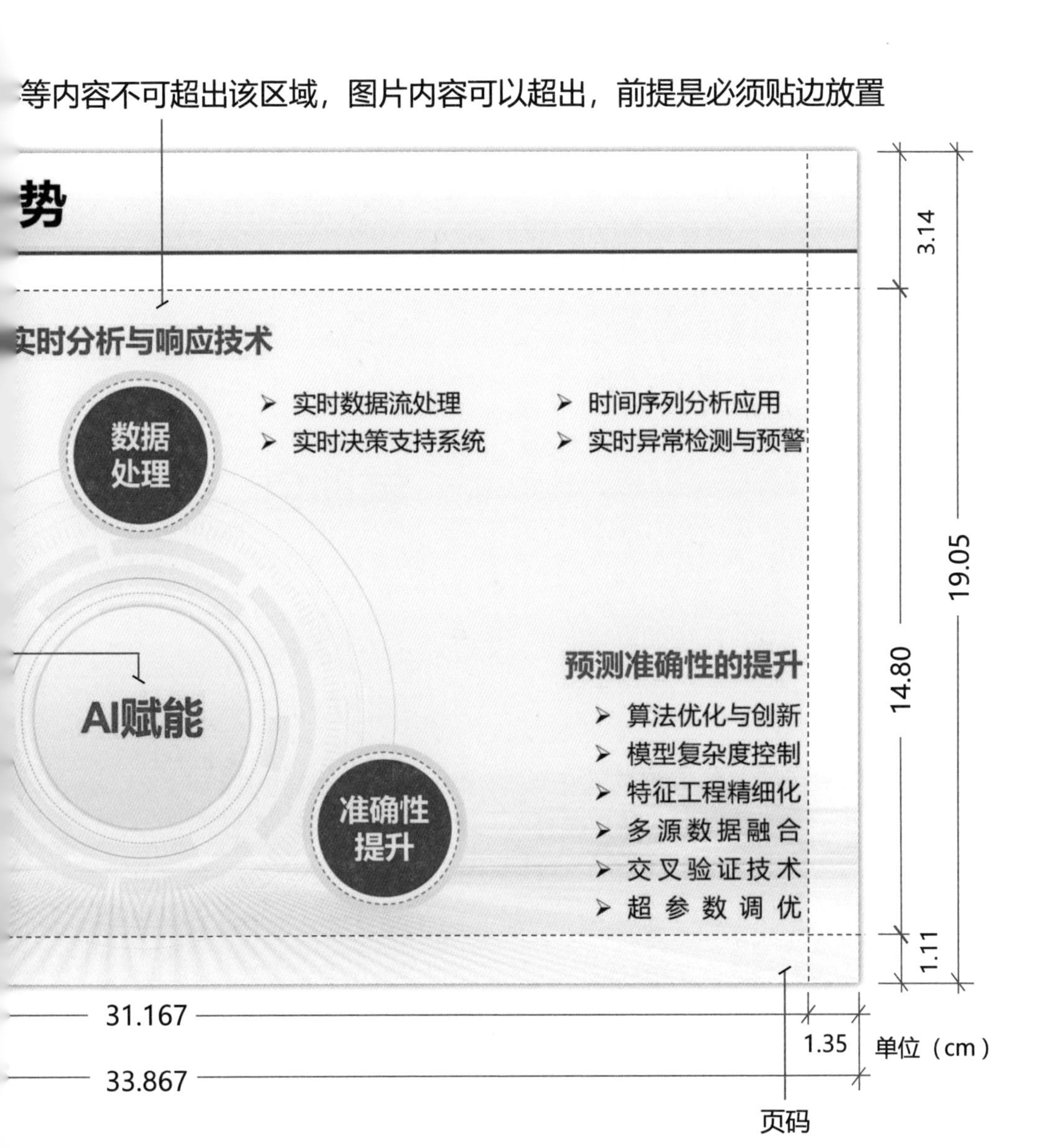

2. 标准色使用规范

设计说明

- 色彩是除企业标识外最能强化企业形象的重要设计元素。在进行与品牌相关的宣传活动时，模板尽量使用标准色中的颜色，以保证企业品牌视觉形象的一致性。

注意事项

- 在设计过程中，不同的素材色值所呈现的效果有所不同。为了保证页面色调统一，在搜索素材或使用素材时，素材色调要倾向于模板的标准色。
- 在标准色无法表现某些效果的情况下，辅助色可替代标准色使用。

标准色

R0 G74 B184

辅助色

R217 G217 B217

R217 G217 B217

R13 G74 B155

R166 G166 B166

R89 G89 B89

R166 G166 B166

R89 G89 B89

3. 标准字体使用规范

设计说明

- 标准字体是企业形象识别系统中的基本要素之一，应用广泛，常与标志联系在一起。标准字体具有明确的说明性，可直接将企业或品牌传达给观众，与视觉、听觉同步传递信息，强化企业形象与品牌的诉求力，其设计的重要性与标志等同。

注意事项

- 不得使用第二种字体，保证模板规范性。
- 中文、英文、数字等字体不能混淆使用，保证模板的统一性。

标准中文字体

一级标题

字体：微软雅黑
字号：32号
笔画：加粗

标准英文字体

一级标题

字体：微软雅黑
字号：32号
笔画：加粗

标准数字字体

一级标题

字体：微软雅黑
字号：32号
笔画：加粗

二级标题

字体：微软雅黑
字号：20号
笔画：加粗

正文

字体：微软雅黑
字号：16号
笔画：不加粗

重点内容

字体：微软雅黑
字号：28号
笔画：加粗

二级标题

字体：微软雅黑
字号：20号
笔画：加粗

正文

字体：微软雅黑
字号：16号
笔画：不加粗

重点内容

字体：微软雅黑
字号：28号
笔画：加粗

二级标题

字体：微软雅黑
字号：20号
笔画：加粗

正文

字体：微软雅黑
字号：16号
笔画：不加粗

重点内容

字体：微软雅黑
字号：28号
笔画：加粗

4.3 色彩应用法则

在设计PPT时，正确运用色彩可以增强演示的吸引力、表达的清晰度，并能够有效地传递信息。

根据主题选择适当的配色方案，不同的配色方案可表达不同的氛围与情感。例如，冷色调可传递稳重与专业感，而暖色调则可以营造温暖与活跃的氛围。根据演示主题和目标受众，选择适当的配色方案以传达所需的信息与情感。

采用高对比度能够确保可读性。文字与背景颜色之间要有足够的对比度，以保证观众能够轻松阅读文字内容。黑白对比最为明显，但其他高对比的颜色组合也可以实现良好的可读性。

色彩可以用来区分不同的信息层次。通过使用鲜艳或对比明显的颜色来突出主要内容，使用较暗或柔和的颜色来表达次要信息，有助于观众更好地理解和记忆演示内容。

坚持在整个PPT中保持一致的色彩风格非常重要。选择一个基础色板，并根据需要进行微调和变化，以确保整个PPT的外观和感觉是统一且清晰的。避免过度使用饱和度高的颜色，当大面积过度使用饱和度高的颜色时，会给人造成视觉疲劳。适度地运用中性色与低饱和度的颜色能够为观众提供舒适的视觉感受并增加信息传递的有效性。

4.3.1 配色选择

根据客户的多样需求选择配色，是打造专业且具有吸引力PPT的关键一步。一般从以下三个方面来选择配色。

1. 按照行业属性选择

在选择配色时需要关注每个行业的特性，下面举例说明。

- 环保行业是以保护生态环境为出发点的，追求简单、自然，让人有回归生态的感觉，PPT配色大多以绿色、蓝色、白色为主。

- 科技行业崇尚现代感和高科技感，注重创新、开放，PPT配色通常选择黑色、蓝色，凸显科技感的同时彰显沉稳。

- 金融行业是一个注重数据、规范和稳定性的行业，PPT配色大多选择深蓝色、紫色、金黄色，给人一种严谨和正式的感觉。

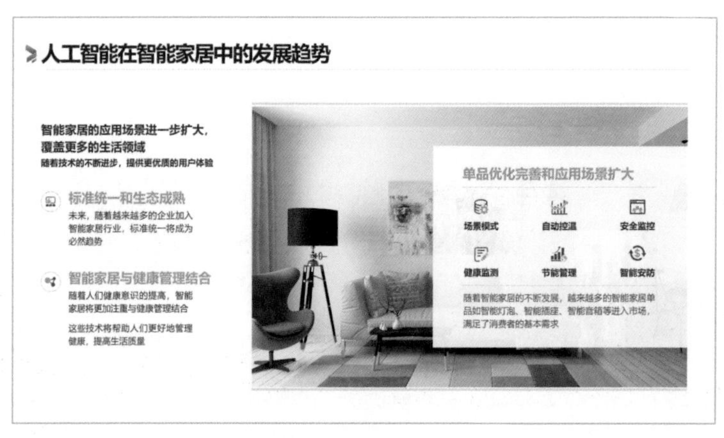

2. 按照Logo色选择

不管是学术机构、组织、政府部门，还是企业、网站，都有属于自己的Logo，而且Logo的颜色都是经过精挑细选和设计的，具有品牌特征和标识的符号意义。从Logo中提取PPT配色，不仅可以使PPT与品牌形象保持一致，还能加强其官方性和专业性。

3. 按照领导喜好选择

有些领导可能会因为自己对色彩的偏好、经验或期望，对PPT的配色提出一些审美意见，以此为基础，结合其他颜色来进行PPT配色方案的设计也是十分常见的。

当然，我们完全能够将三者有机结合。行业属性奠定色彩的主基调，领导喜好赋予色彩情感的温度，而Logo色则为其增添加了独特的品牌特质，从而打造出让人满意的PPT配色方案。

接下来以Logo 色为例，为读者详细介绍不同配色的选择方法。

在根据Logo色设计PPT色彩方案时，我们一般把配色分为主色、点缀色和中性色三种。顾名思义，主色是Logo中使用的主要色彩，代表品牌的特性和情感诉求。点缀色是Logo中的辅助色彩，用来平衡或强调主色。中性色主要用于平衡整个PPT的色调，一般以白色为主。

例如，清华大学的Logo主要以紫色为主，故选取紫色为PPT主色调，Logo中无其他辅助色，我们可以根据色彩搭配及文本强调内容，选取红色作为点缀色，按照主色60%、辅助色30%的比例，我们可以得到下面的PPT设计方案。

R115 G50 B130

点缀色

R192 G0 B0

地下水生态环境修复

- 地下水在含水层中的运动特征复杂，并且多数情况下地下水的运动极其缓慢，导致污染物一旦进入地下水系统，很难自然排出或被稀释
- 赋存于地表以下的地层空隙中，污染物难以被发现和识别

重点技术
渗透性反应墙
原位生物修复
原位化学氧化/还原

污染大
控制不住
管理不住
生态
修复风险
修复难
修复不了
管理差

具体方法
监测与评估
源头控制
隔离屏障

保护地下水资源、维护生态平衡、保障人类健康

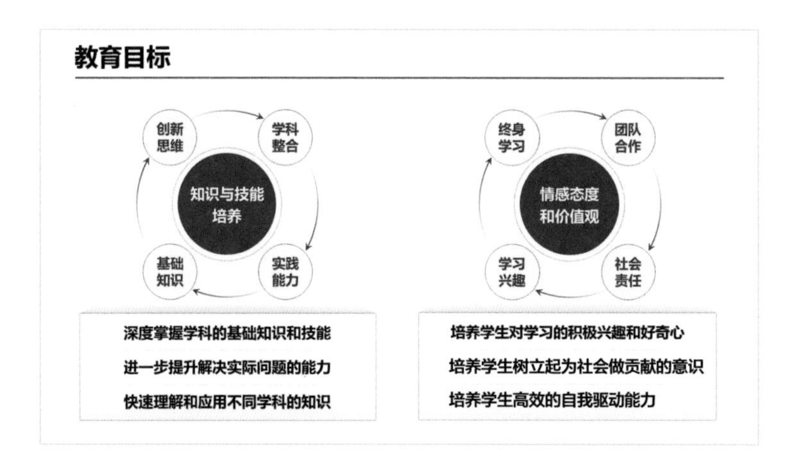

下面根据北京大学Logo的色彩来讲解主色＋辅助色的配色。我们可以看出，北京大学Logo的主色为红色，点缀色可以选取黄色，依然按照局部使用主色调，部分使用点缀色设计PPT。

主色	点缀色
R156 G0 B0	R231 G161 B36

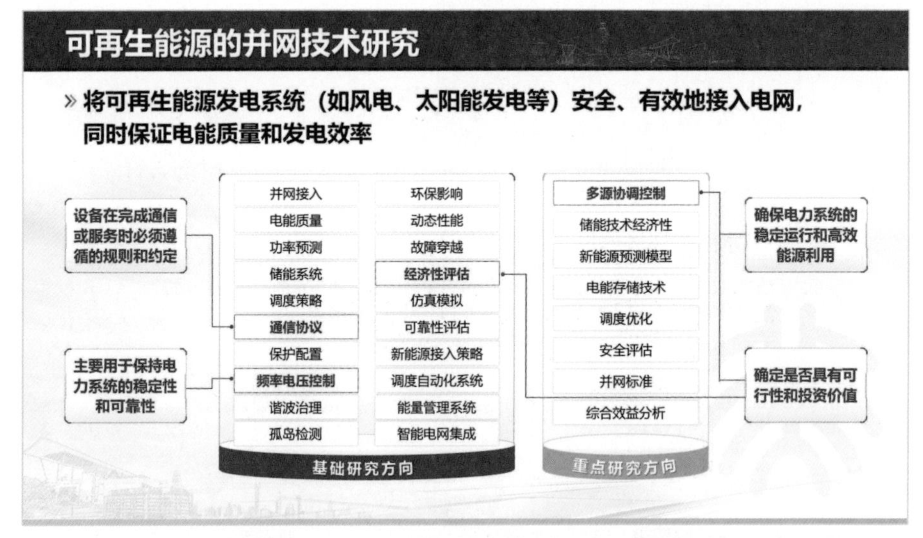

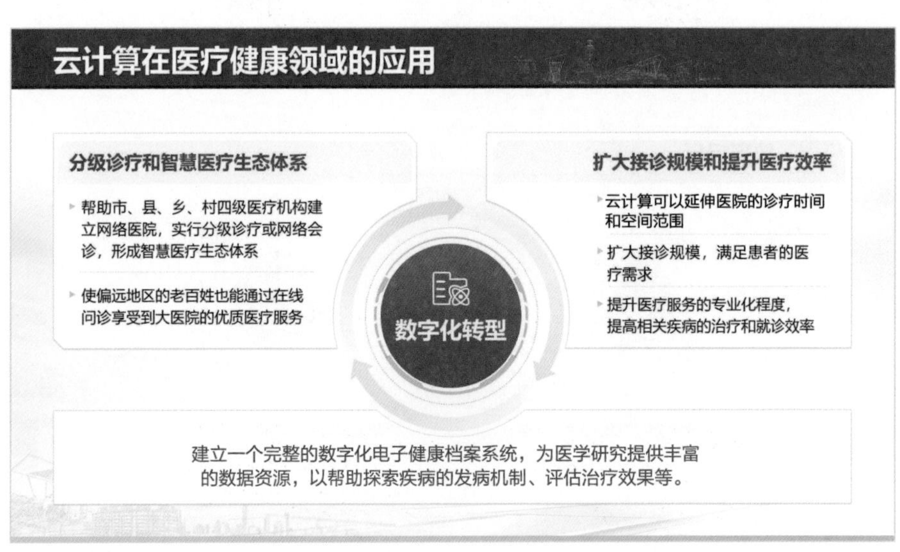

4.3.2 色彩搭配法则

1. 色彩统一

一般情况下，PPT的配色需要保持统一性和整体性，避免使用过多或过杂的颜色。一般来说，选择2~3种颜色就可以达到最佳视觉效果。

修改前：

修改后：

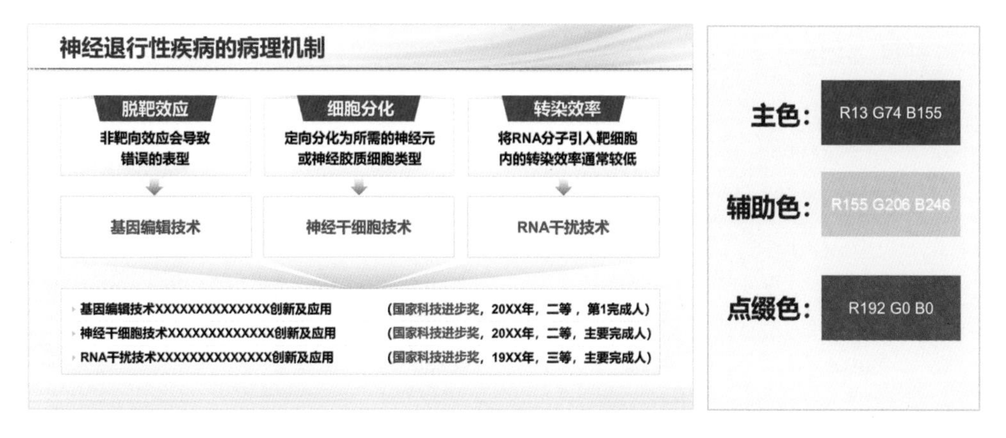

2.色彩搭配

在进行PPT配色时，主色、辅助色和点缀色的巧妙搭配是确保PPT具有视觉吸引力和信息传递效果的关键。

主色

主色是整个PPT配色方案的核心颜色，可以决定PPT的整体风格。通常主色在整个配色中的比例为60%。一般情况下，主色使用面积较大，多用比较鲜明和突出的颜色。这些颜色通常被认为更能表现专业、沉稳的感觉，从而展现学术的严谨性和专业性。

辅助色

辅助色的使用面积通常比主色的使用面积小一些，用于平衡主色，以使视觉效果更加协调，增加整体设计的深度和层次感。通常选择与主色同色系但不同明度的颜色作为辅助色，其在整个配色中的比例为30%。

点缀色

点缀色的使用面积比辅助色的使用面积还要小，通常用于突出强调特定信息或元素，起到视觉烘托、提亮的作用。点缀色可以是亮色或鲜艳的颜色，以形成强烈的视觉反差，吸引人的注意力。

通常点缀色在整个配色中的比例为10%，占比过多会导致页面过于繁杂、不清晰，并且点缀色通常要与主色和辅助色形成鲜明对比。

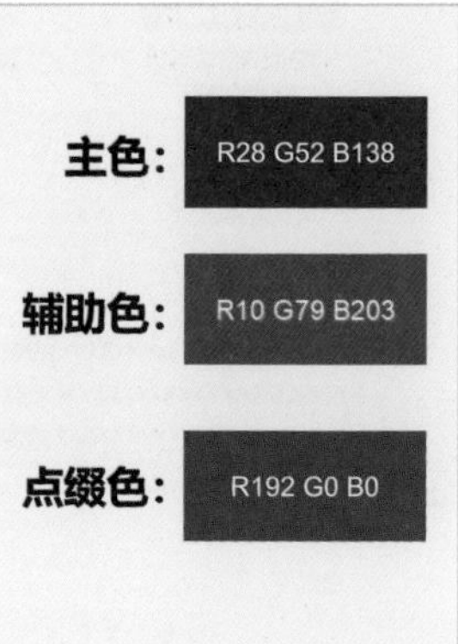

3. 常用配色方案

第一种：蓝色为主色。

第二种：红色为主色。

第三种：棕色为主色。

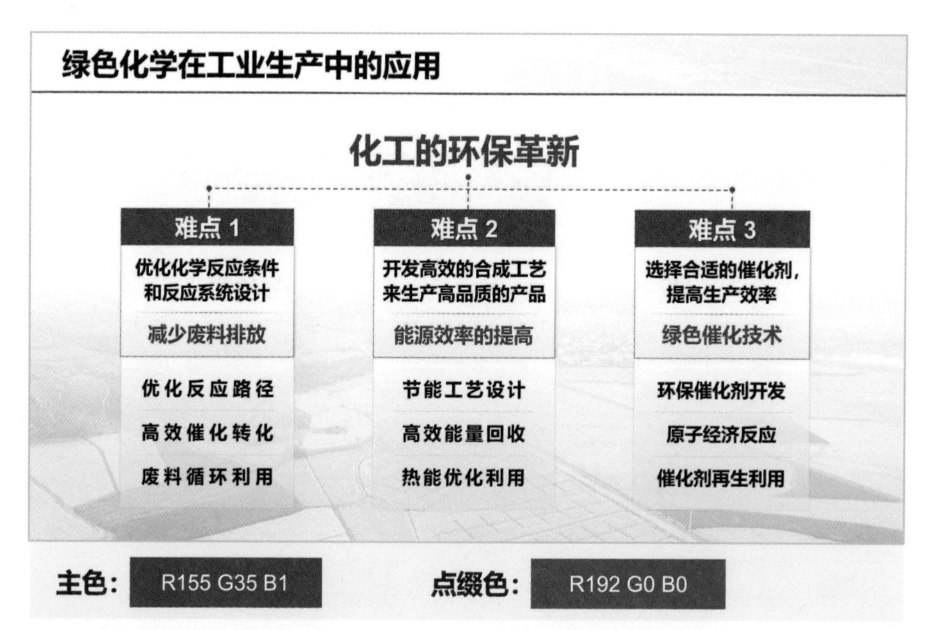

学习不仅在于获取知识，还在于理解如何运用它们。

——亚伦 · 斯沃茨

第 5 章
动画制作

用 动 画 效 果 提 升 观 赏 体 验

5.1 页面切换动画效果的选择与调整

1. 页面切换动画效果的选择

页面切换是在播放PPT的过程中，从当前页面切换到下一个页面的动作。可以自定义速度、添加声音和指定切换动画效果外观。

在选择PPT页面切换动画效果时，需要考虑以下几个因素。

主题与目标　根据PPT页面的内容是静态的还是动态的，以及所包含的文本、图像和视频等元素，选择与内容匹配的切换动画效果。

观 众 群 体　结合观众的年龄、背景知识和兴趣爱好等因素，选择符合观众喜好、观众易于接受的切换动画效果，增加他们的参与度。

效 果 转 换　要考虑使用切换动画效果对表达信息是否有帮助，避免选择过于“酷炫”的效果而让观众分散注意力。

时 间 控 制　考虑切换动画效果的持续时间及切换速度。过长的动画时间会引起观众的厌烦，过快的切换速度又可能让观众无法跟随。

效果一致性　在整个PPT中保持动画效果的一致性，避免频繁地切换不同类型的动画效果。

具体切换动画效果如下图所示。

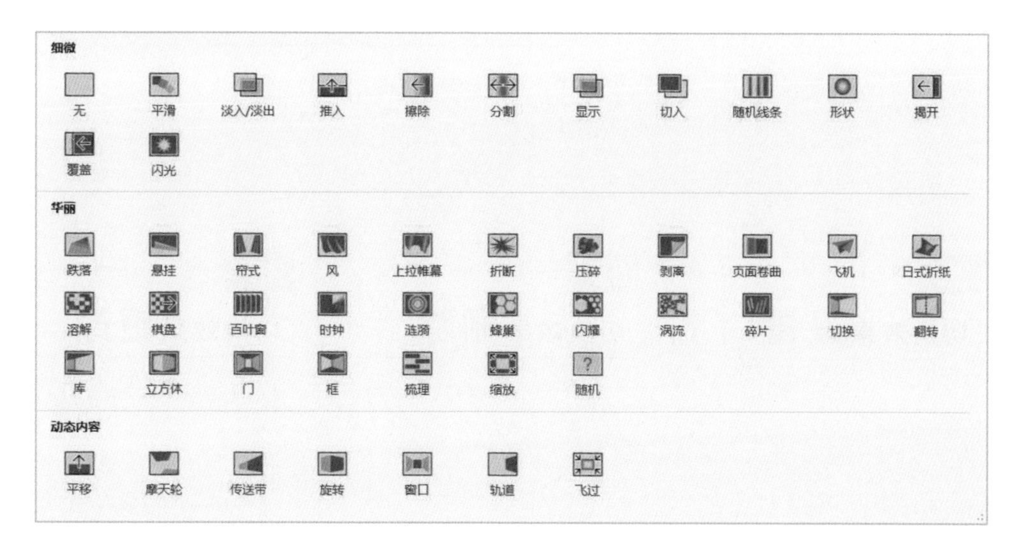

下面是在学术型PPT中，经常用的页面切换动画效果。

淡入淡出　通过渐变的方式使新的页面逐渐浮现或消失。淡入淡出效果没有太复杂的动画元素和转场效果，不会对文字内容造成视觉上的冲击，可让观众在无意识中进入观看新内容的状态。

淡入淡出切换动画效果适用于学术演讲、研究汇报和学术会议等场合，简洁的展示方式往往更受欢迎。

切换动画效果的设置及修改:

2. 设置切换动画效果的7个步骤

第一步：打开PPT文件，单击顶部工具栏中的“切换”选项卡。

第二步：在“切换”选项卡中，单击右侧的下拉按钮。

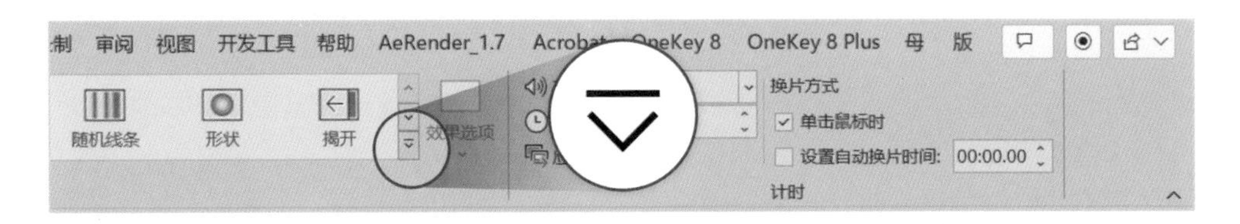

第三步：在展开的选项板中按需选择合适的切换动画效果，包括“细微”“华丽”“动态内容”三部分。学术型PPT的切换动画效果建议选择“淡入/淡出”。

第四步：单击“预览”按钮查看切换动画效果。

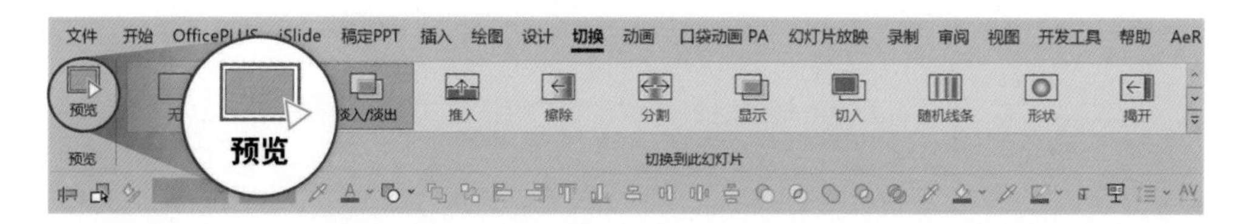

第五步：如需更改页面的切换时间，可在“持续时间”文本框中输入合适的时间，一般设置为0.50 或 0.75。

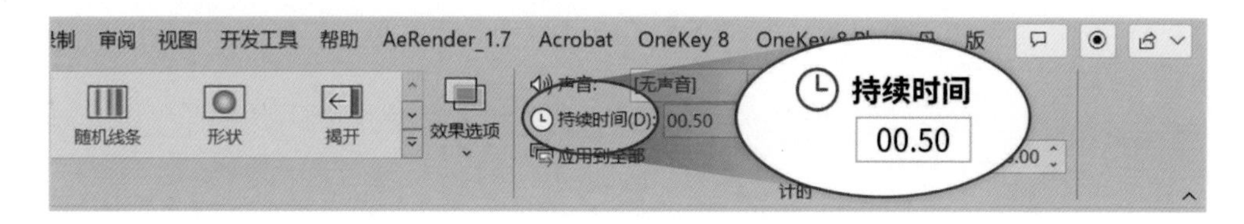

第六步：设置换片方式，如果演讲者需要手动控制页面切换，则勾选“单击鼠标时”复选框。

如果需要PPT按照设置好的动画自动播放，则勾选“设置自动换片时间”复选框，不用修改默认参数。

第七步：设置好所有切换动画效果及参数后，只需单击“应用到全部”按钮，即可将修改应用到所有页面。

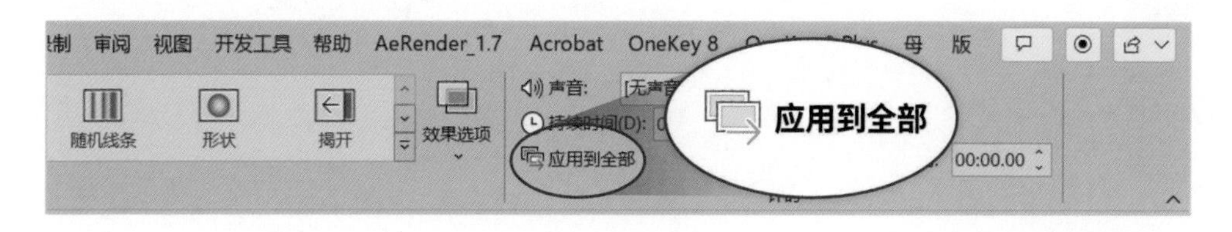

3. 删除切换动画效果的 3个步骤

在PPT中，可以打开“切换”选项卡并选择“无”来删除所选幻灯片或全部幻灯片的切换动画效果。

第一步：选中要删除切换动画效果的“幻灯片3”。

第二步：在“切换”选项卡的切换动画效果库中，选择“无”选项即可取消所选幻灯片的所有切换动画效果。

第三步：如果要删除所有页面的切换动画效果，就将切换效果设置为“无”，并单击“应用到全部”按钮。

4. 更改切换动画效果的 2个步骤

如果对设置好的切换动画效果不满意，想更改现有的切换动画效果，则可以单击“切换”选项卡，和第一次添加切换动画效果操作相同，单击右侧的下拉按钮，打开切换选项板。

第一步：在切换选项板中重新选择合适的切换动画效果。

第二步：单击“效果选项”下拉按钮，从弹出的下拉菜单中选择切换动画效果的细节，如方向、形状等。

5.2 声画同步的制作

1. 选择元素动画效果

动画效果应与演示内容相呼应，达到视觉和语义上的统一。例如，在讲解过程中，当强调某部分文字或图表时，可以选择淡入、放大或强调效果等。下面是元素放大动画的设置方法。

① 在PPT中选择需要添加动画效果的元素，可以是文本、形状、图片等。例如，选中要设置动画效果的元素“能源数据分析与建模”。

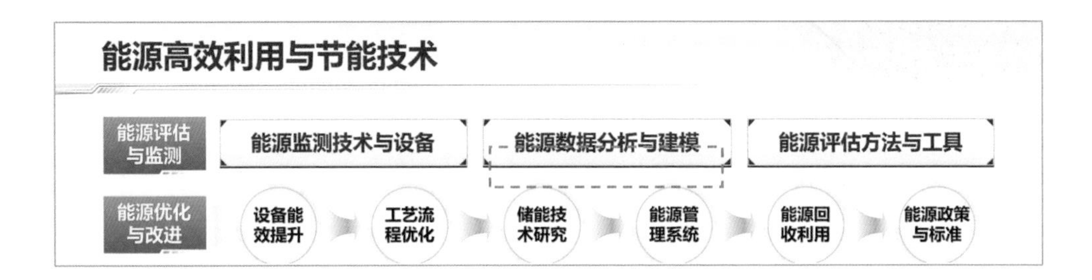

② 打开“动画”选项卡，单击右下角的小三角形图标，展开详细动画窗口。

③ 详细动画窗口中有各种动画效果和控制选项。选中“强调”栏中的“放大/缩小”动画。

④ 在“动画”选项卡中，可以调整动画的开始时间、持续时间和延迟。这些参数可根据个人需求和时间安排来进行调整。

➤ 将“开始”设置为“与上一动画同时”。

➤ 将“持续时间”设置为“0.30”秒。

➤ 将“延迟”设置为“1.25”秒，具体延迟时间以配音中文字出现的实际时间为准。

⑤ 选中动画，单击鼠标右键，不同的动画效果会弹出不同的效果选项对话框，本例弹出“放大/缩小”对话框，将尺寸改为“130%”，可根据对象来设置合适的参数，并勾选“自动翻转”复选框。

⑥ 完成以上设置后，可以单击“幻灯片放映”按钮预览动画效果。如果需要进一步调整，可以返回前述步骤进行相应更改。

2. 动画效果的调整与优化

设置完动画效果后，可以从以下几个方面来检查动画效果。

① 简洁明了。

确保动画效果简洁明了，并且能够直接传递所需的信息。避免使用过多复杂的动画效果，以免分散观众的注意力并导致混乱。

② 一致性。

保持动画效果的一致性，尽量使用同样的动画效果、延迟和速度来呈现类似元素，营造整齐和连贯的感觉。

③ 节奏合理。

调整动画的速度和时间，使其与演示的流程和节奏相匹配。动画不仅要引起观众的关注，而且要让他们有足够的时间来理解所呈现的信息。

④ 渐进呈现。

渐进式的动画效果特别适合大段文字或复杂图表。将内容分解为更小的部分，并逐步展示，有助于观众理解内容并吸引他们的注意力。

⑤ 控制持续时间。

确保动画效果的持续时间不要过长或过短。太长的动画可能会使观众感到厌烦，而太短的动画可能让观众跟不上节奏。

⑥ 预览和调整。

在进行最后的演示前，务必预览并反复检查动画是否符合预期。有时可能需要微调元素的位置、延迟、速度等参数以达到最佳效果。

要开化人的知识，感动人的思想，非演讲不可。

——秋瑾

第 6 章
演讲录制

引导观众深度思考

6.1 一分钟讲多少字

通常情况下，为了保证整个录音过程的连贯和顺畅，要求每分钟讲220~240个字。

为什么这么说呢？因为录音时加快语速不仅会压缩发音过程和时间，引发语言异义，还会使观众难以辨析，甚至会给人太过急促、发音不清等不良感受。相反，语速太慢会令观众产生沉闷、无聊等不良感受。所以，为了得到高质量的音频，必须在录音时注意整体语速和发音质量。

除平衡整体语速和发音质量外，在录制过程中，还需要注意对某些重点内容进行突出表达。例如，在讲到涉及专业和复杂的字词短句时，可以加强语气或适度延长音调来强化表达，加深观众的印象。根据稿件的具体内容，灵活把控节奏。

例如，录制下面的绿色环保桥梁设计的技术和方法。

- 优化结构设计：通过合理的结构设计，降低桥梁的自重并减少材料的消耗，提高结构的耐久性和安全性。
- 生态护岸技术：使用自然材料和生态植被，构建生态友好的桥梁基础和护岸结构，保护河岸生态。
- 可再生能源利用：在桥梁照明、交通监控等设施中，使用太阳能、风能等可再生能源，降低能耗。

我们可以看到，以上三个技术点中都有需要强调的重点内容。

在“优化结构设计”这一点上，我们应着重强调“合理”“降低”“减少”三个词，合理的结构设计意味着不仅要满足功能需求，还要考虑环境影响和资源利用率；降低桥梁的自重并减少材料的消耗，意味着减少对自然资源的依赖，同时也有助于减少建设和运营过程中的能耗。

不同的演讲场合与不同的演讲内容会导致演讲的速度有所变化。如果演讲内容较为复杂，包含大量的观点和数据，每分钟就要适当减少演讲字数，以便更好地掌控演讲节奏和氛围。

无论是每分钟增加演讲字数，还是每分钟减少演讲字数，都是有讲究的。

通常情况下，演讲都有规定好的演讲时间，在规定时间内完成演讲才不会影响观众的体验。所以，在规定的演讲时间内，我们可以根据正常演讲的语速来推算演讲稿的字数。

例如：

- 5分钟的演讲时间，建议演讲稿的字数为 1100 ~ 1200个字。
- 8分钟的演讲时间，建议演讲稿的字数为 1760 ~ 1920个字。
- 10分钟的演讲时间，建议演讲稿的字数为 2200 ~ 2400个字。
- 15分钟的演讲时间，建议演讲稿的字数为 3300 ~ 3600个字。

6.2 选择专业设备

1. 专业录音棚

既想省心，又想有高质量的录音效果，可前往专业录音棚录制音频。

专业录音棚可提供专业的声场环境，使用各种专业级别的麦克风、混音器等设备，能够实现声音的高保真录制。录音师和后期制作人员的指导也能帮你解决录音的后顾之忧。

2. 自主录制

如果预算较为有限，或者需要灵活地进行录制，则可以自己录制。

有些要求比较高的人选择购入相应的录音设备，如录音笔、声卡、麦克风等来保证音质，也有些人图方便直接用手机录制。

6.3 录制技巧

在自主录制时要想获得高品质的音频效果，除需要考虑使用设备外，良好的录制环境、运用语言表达技巧和正确的录制方法缺一不可。

1. 录制环境

录制环境应该安静，避免噪音干扰，选择离道路、车流和人流等噪音源较远的地方，或者选择静谧的室内空间。

在录制过程中要注意规避设备噪音，大到空调、电扇、冰箱，小到电脑、机械手表的声音。

2. 语言表达技巧

根据演讲稿的文字内容适当进行语调、情感和语速的变化。例如，对于关键词汇，在表述上可以重复以加深观众印象，并增强音频的表现力。

3. 正确的录制方法

在录音过程中，经常会出现喷麦、破音、口水音等问题，最令人头疼的是个人状态、节奏、时间把控都达到了完美的状态，却总是在某些字词上出现问题，严重影响录音的质量和效果，导致不断重新录制。

喷麦

喷麦是录音时产生的不稳定爆音，在录制前，可以调整好嘴与收音设备的距离，避免距离太近导致气流直接接触麦克风。

在使用麦克风录制时，可以套一个符合麦克风大小的海绵套来减少气流通过麦克风时的噪音。如果使用耳机录制，则可以在耳机上夹一层较薄的面巾纸。

破音、口水音

破音和口水音都是录音时出现的比较常见的问题。破音是说话时过于用力或语速过快等原因造成的，而口水音是口腔状态差或吐字不够准确导致的。

如何防止出现破音呢？我们可以在录制前适当地做一些口腔运动，放松喉咙肌肉，在录制时可以适当放缓语速，控制语调和声音的强度。

为了避免出现口水音，我们可以在录音前1~2小时喝一杯温水，不仅可以滋润嗓子，使声音更加圆滑顺畅，还可以有效地清除口腔中的多余口水。另外，在录音前集中注意力，多熟悉演讲稿内容，可使发音更加干脆利落。

6.4 制作剪辑

音频录制完以后并不能直接使用，录制过程中产生的杂音、噪音、口误等都需要通过剪辑去除，以保证音频的质量。

- 去除杂音和噪音：在录制过程中，很可能产生一些不必要的杂音和噪音，如环境噪音、电流声等。使用剪辑软件中的降噪功能，可以有效去除这些杂音，使音频更加清晰。
- 处理口误和错误：在录制过程中避免出现口误或错误，剪辑软件通常提供剪切和替换功能，可以使用这些功能将错误部分剪掉，然后替换为正确的部分。

详细操作见“附录A 常用工具”。

6.5 稿件制作练习

同样的内容，观众不同，演讲稿制作方式也不同。

在准备演讲稿之前，我们需要弄清楚，面对的观众是谁？他们的专业领域是什么？对你将要分享的内容熟悉程度如何？

做一场学术研究的演讲，如果你的观众是同领域的人士，那么演讲稿的内容可以突出领域的知识和技术，可以使用更加专业的术语和表达方式。相反，如果你的观众不是业内人士，那么演讲稿的内容应当尽可能地简单，多用通俗易懂的表达方式，避免过多流程性、专业性的内容。

演讲稿的内容应根据观众的背景和对专业知识的熟悉程度进行调整。不同背景的观众需要不同的内容和表达方式，这样才能确保演讲的质量和效果。

1. 写作技巧

（1）整理思路。

如果对文章的基本要求是让人读懂，那么对演讲的基本要求就是让人听懂。

要想被人听懂，在写演讲稿时就要注重逻辑的表达。这里所说的逻辑有两种：一种是语言表达的逻辑，另一种是针对学术型演讲而言的与基础自然学科相符合的逻辑。

第一种逻辑强调的是清晰的结构和简单明了的表达——内容逻辑框架的规划、合适的语言组织结构等，如分段、分层次、例证的应用；第二种逻辑强调的是学术型研究需遵循所属学术学科体系、学科研究的规律和方法。

在写演讲稿之前要根据研究内容去思考我们为什么要研究这个问题、是怎样进行研究的、研究得出了什么样的结论。从这三个问题入手，合理建立演讲稿的框架，阐明自己的研究方法和论证过程，避免演讲时出现逻辑上的漏洞。

（2）丰富内容。

在逻辑框架建立起来后，按照上面所说的三个问题充实内容。

首先是第一个问题——为什么进行研究。换句话说，就是这个问题为什么值得研究，解释一下研究它的重要性和研究价值，可能是实际生活中面临的困难和问题，也可能是某些尚未解决的技术难题等。

在摆出与研究问题相关的事实后，马上抛出第二个问题——怎样进行研究。这里需要展现一个完整、连贯的研究思路和过程，会涉及实验设计、数据采集、分析等内容。

最后，在第三个问题中阐述得到的研究结论和成果。

（3）规范语言。

在撰写演讲稿时，若涉及学科的专业性内容，就要特别注意使用准确、规范的学术语言，突出逻辑性和整体性。

避免使用过于口语化的表述，也要避免用晦涩难懂的学术术语和长句子，使用简洁、清晰、准确的语言来表达。

保持一致的语气和风格，避免语言上的过度修饰或过于华丽的表达，保持自然。

2. 演讲稿练习

俗话说，台上一分钟，台下十年功。极具影响力的演讲必然是演讲者在台下反复练习的结果，所以要达到“演说家”的水平，就必须多练习！

练习不仅可以检查演讲内容的逻辑，还可以帮助我们更好地调整和修改演讲稿，以便更准确、更有说服力地表述演讲内容。那么，到底该怎样练习呢？

（1）对照PPT逐字稿。

为什么要对照PPT逐字稿练习呢？其实逐字稿不仅可以帮我们把控演讲的节奏，还能帮助我们再次厘清思路，进一步打磨稿件。例如，有哪些地方念得不顺口，表达不准确，还可以再次进行修改，从而保证演讲的流畅性。

（2）脱稿反复练习。

演讲最好的状态莫过于“无稿胜有稿”，拿着稿子念会让观众觉得演讲者准备得不够充分，进而质疑演讲内容。为了避免出现这种情况，通常建议脱稿演讲。其实脱稿演讲并不是要把内容逐字记下，而是要对演讲内容的逻辑主线及主要内容了然于心。

6.6 演讲必备技巧

1. 肢体语言

在演讲中，肢体语言的运用非常重要。通过身体姿态、手势、面部表情和眼神等肢体语言，可以为演讲内容增色添彩，提高演讲的吸引力、可信度和影响力。下面给读者介绍一些运用肢体语言的技巧。

（1）注意面部表情。

演讲者应当学会运用自己的面部表情来表达情感、传递信息。演讲者可以通过微笑、眉毛皱起等来表现自己的态度、感受和情感，使得演讲更加具有感染力。

（2）注意身体姿态。

身体姿态可以反映演讲者的信心和气势。站在舞台上时，演讲者应尽量保持直立、有力的姿态，要充分展示出自信。当要突出某个观点或表达强烈感情时，可以适当放松身体，用身体语言来强调和突出。

（3）注意使用手势。

演讲者可以适当地运用手势来辅助表达自己的意思，增强演讲内容的可视性和可理解性。例如，用手缓慢地画弧形可以表示缓慢增长等。

（4）注意眼神交流。

眼神交流是演讲者与观众最直接的交流方式之一，要让观众感觉受到关注，增加观众的认同感和信任感。

2. 语调、停顿

同样一句话，语调轻重、高低、长短、急缓等的不同变化，在不同的语境里可以表达不同的思想感情。演讲者应该根据所述的内容和要表达的情感，考虑现场的需要，在演讲中巧妙地运用高低起伏的语调、顿挫来增强演讲的效果。

6.7 演讲注意事项

在演讲前要进行文件备份、设备调试和演示稿测试，以确保文件的安全性和稳定性，避免数据丢失、存储等问题对演讲造成不必要的干扰。

1. 文件备份

（1）云备份。

将PPT文件存储在云端，可以通过计算机、手机、平板等设备随时随地访问，避免出现因设备损坏、数据丢失等情况导致PPT文件无法访问的问题。当然，部分学术型PPT具有保密属性，在云备份时还需要保证网络连接的稳定性和隐私安全。可以选择知名的云存储服务商，并将文件存储在受保护的存储空间。

（2）本地备份。

在演讲、学术活动和客户演示等场合，在计算机或U盘中备份PPT文件更合适。这样就可以在需要时直接从设备中打开，无须下载或从其他存储设备传输文件。另外，如果PPT文件版本更改的频率比较高，那么可将文件命名为易识别的名称，以避免出现文件混乱和版本管理困难的问题。

在选择备份设备时，还有一点需要注意，尽量选用高质量的备份设备，如硬盘和光盘等，以确保文件的安全性、持久性和完整性。当然，还应定期对备份设备进行检查和更新，以确保其正常工作，避免出现故障。

2. 设备调试

在演讲现场，对设备进行调试是确保演讲成功的关键因素之一。例如，提前测试计算机、投影仪、音响等设备是否正常运行。除此之外，还需要准备相关的备用设备，包括计算机、麦克风等，以防止意外情况发生。

3. 演示稿测试

演示稿测试也是非常关键的，在演示稿上进行最终的测试，确保所有页面、链接和媒体文件都可以正常显示和播放，如果演示稿的排版风格不合适或其中的错别字太多，就需要进行最终的修改和调整。

4. 演讲意外情况应对

（1）常见文件播放故障。

PPT播放故障分很多种情况，如PPT文件损坏、PPT版本不匹配、PPT中的音频或视频不能播放等，具体情况采取具体的解决办法。

第一，PPT文件损坏。PPT文件损坏肯定会导致播放故障，这种情况下如果有备份文件，就可以使用备份文件进行播放。如果没有备份文件，可以尝试使用PPT软件的“修复”功能来恢复文件。

第二，PPT版本不匹配。如果使用的PPT版本与创建文件的PPT版本不匹配，则可能导致播放故障，必须使用与创建文件的PPT版本相同的PPT版本进行播放。

第三，PPT文件中嵌入的视频或音频无法播放。如果PPT文件中嵌入了视频或音频，但这些文件无法正常播放，则可以查看计算机上是否已经安装了相应的视频或音频解码器，或者将视频或音频文件提前转换为PPT支持的格式。

（2）意外打断。

在演讲过程中被人打断是一种不可控的情况，会扰乱演讲者的思绪，影响后续的演讲进度。遇到这种情况，应该怎么办呢?

第一种情况，一些突发事件打断了演讲。例如，PPT播放卡顿，这时演讲者可以通过简短的语句解释当前的情况，之后继续演讲。第二种情况是观众提问打断。如果不是非常重要的问题，可以简单并礼貌地回答，之后继续演讲；如果是重要问题，则需要礼貌地解释将在后面进行详细阐述，保证演讲的连贯性。

（3）时间不够或时间空余。

时间把控一直是演讲中老生常谈的问题。内容没讲完，时间已经所剩不多了，或者内容要讲完了，时间还有剩余。这两种情况都会导致演讲节奏混乱，还会导致观众信息接受度变差。

面对这些问题，通常情况下，演讲者应该有针对性地通过控制演讲语速、加快或减缓表述的节奏、增加或减少措辞等策略，来达到掌控演讲时间的目的。如果在演讲过程中发现时间不够，演讲者可以尽量压缩每个部分的内容，将每个部分的要点展现得更精炼一些，使整个演讲紧凑而有力。如果在演讲过程中发现时间有空余，则可以适当加入一些插曲或自由发挥。

总之，演讲者需要提前充分准备，整合演讲稿件，充分掌握演讲时间。同时，在演讲过程中要灵活，随时根据情况掌握演讲的时间长度，从而让整个演讲过程有条不紊、连贯而有效，达到预期的演讲效果。

思考是人类最大的乐趣之一。

——布莱希特

第 7 章

项目实操

用 经 验 帮 您 快 速 提 升

7.1 项目背景与总体思路

项目研究具有明确的项目背景和布局思路。通常我们从国家与社会发展需求出发进行论述，介绍该研究在学术界和现实生活中的重要性。除此之外，还需要深入了解该研究领域已有的研究成果及现状，立足现有国内外技术存在的局限性，进一步阐明该研究在现有理论、方法或实践上产生的突破及引领作用。

下面从六个方面进行内容梳理及阐述。

1. 国家与社会重大需求

从国家、社会需求层面描述本项目技术的重要性和紧迫性。

2. 国内外技术发展现状

对比国内外技术，现有技术无法满足应用需求，亟须探索新方向、新技术。

3. 现有技术的重大问题

现有技术的局限性导致的重大问题，或者严重影响人民健康、经济发展等。

4. 面临的三大科学挑战

为了解决某些问题，科学技术层次面临的三大挑战：新理论、新技术、新方法。

5. 总体思路

简要阐述项目立项目的、针对科学技术问题做出的技术创新，以及最终研究出什么样的新成果，用一张逻辑关系图呈现。

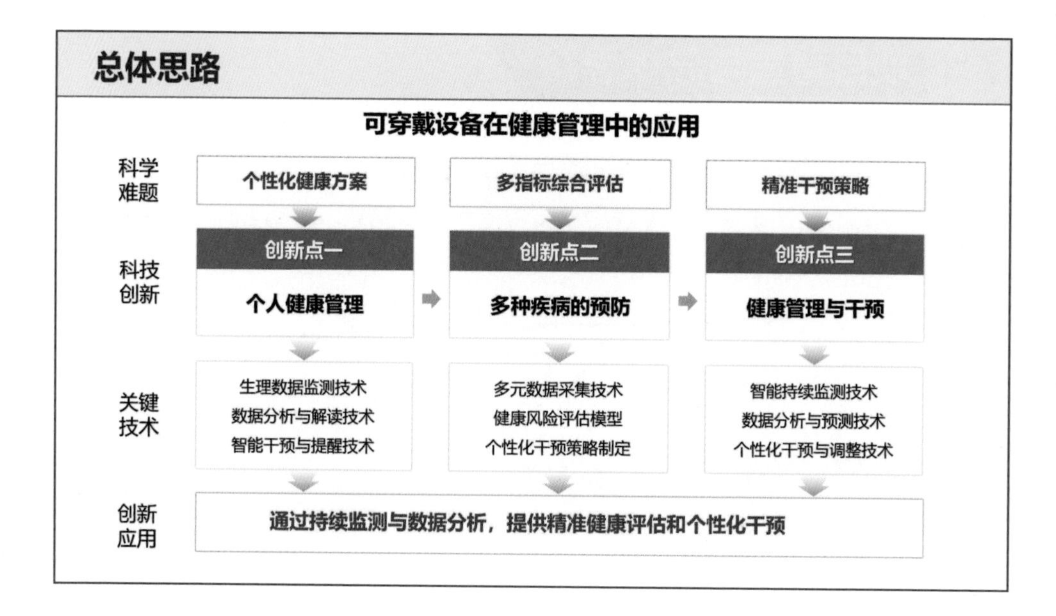

6. 获得的国家项目支撑

面向国家重大需求开展应用基础研究，获国家、省部级重点项目资助。

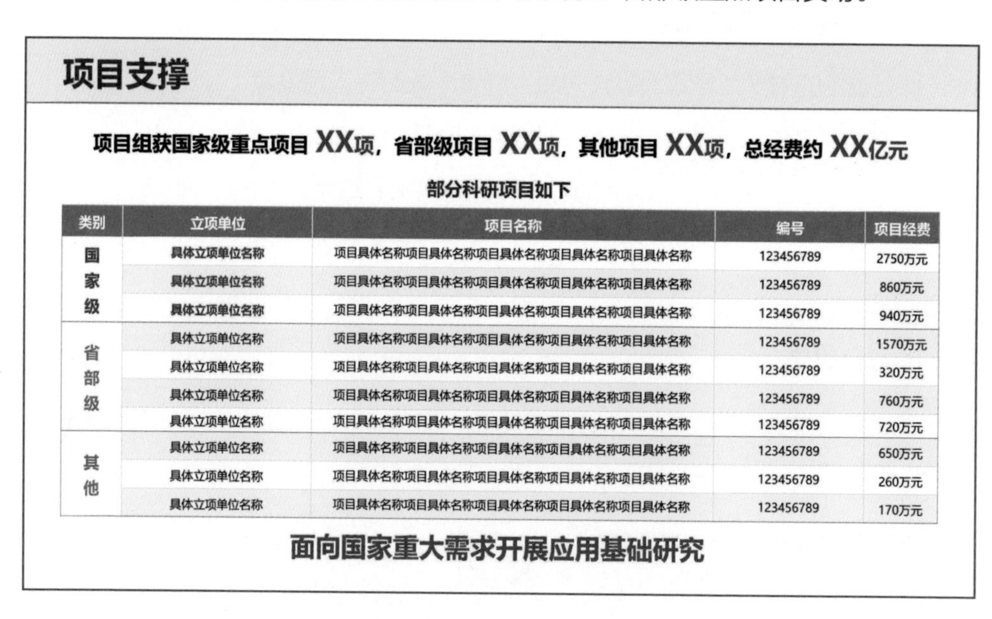

项目支撑

项目组获国家级重点项目 XX项，省部级项目 XX项，其他项目 XX项，总经费约 XX亿元

部分科研项目如下

类别	立项单位	项目名称	编号	项目经费
国家级	具体立项单位名称	项目具体名称项目具体名称项目具体名称项目具体名称项目具体名称	123456789	2750万元
	具体立项单位名称	项目具体名称项目具体名称项目具体名称项目具体名称项目具体名称	123456789	860万元
	具体立项单位名称	项目具体名称项目具体名称项目具体名称项目具体名称项目具体名称	123456789	940万元
省部级	具体立项单位名称	项目具体名称项目具体名称项目具体名称项目具体名称项目具体名称	123456789	1570万元
	具体立项单位名称	项目具体名称项目具体名称项目具体名称项目具体名称项目具体名称	123456789	320万元
	具体立项单位名称	项目具体名称项目具体名称项目具体名称项目具体名称项目具体名称	123456789	760万元
	具体立项单位名称	项目具体名称项目具体名称项目具体名称项目具体名称项目具体名称	123456789	720万元
其他	具体立项单位名称	项目具体名称项目具体名称项目具体名称项目具体名称项目具体名称	123456789	650万元
	具体立项单位名称	项目具体名称项目具体名称项目具体名称项目具体名称项目具体名称	123456789	260万元
	具体立项单位名称	项目具体名称项目具体名称项目具体名称项目具体名称项目具体名称	123456789	170万元

面向国家重大需求开展应用基础研究

7.2 创新点与技术内容详述

创新点与相应的技术需要从多维度进行阐述。

注意，创新点是指整个项目中存在的创新观点，并且可能不止一个。这些观点包括技术应用、理念、产品结构等的创新。除展示每个创新点外，还需要描述创新成果、效益等，每个创新点既是独立的，又可能与其他创新点存在关联，在制作PPT的过程中需要把握好逻辑关系的呈现。

下面从三个方面进行内容梳理及阐述。

1. 创新点

（1）建立了什么创新基础理论。

（2）解决了什么科学难题。

（3）授权中国发明专利XX件，代表性论文XX篇。

创新点一

创新性提出利用人工智能进行数据调控技术

利用AI进行数据预测，实现精准减排

利用AI调控减排策略，优化环境管理

授权发明专利XX项，代表性论文XX篇

专利 ZL1234567890、ZL1234567890、ZL1234567890、ZL1234567890、ZL1234567890、ZL1234567890……

论文 具体论文名称具体论文名称具体论文名称具体论文名称具体论文名称具体论文名称具体论文名称具体论文名称

具体论文名称具体论文名称具体论文名称具体论文名称具体论文名称具体论文名称具体论文名称具体论文名称

2. 研究背景和科学问题

阐述创新点需要解决的技术难题及项目的创新思路。

成果：从创新技术、技术点原理图、成效三个方面进行阐述，如创新了什么技术、研发了什么产品、解决了什么问题、实现了什么的突破、综合性能提高多少百分点以上等。

创新点一：虚拟现实技术在工业中的发展

技术点1 创新性地在虚拟环境中进行设备运行、工艺流程、生产线布局等仿真

- **工厂管理者可以通过VR技术对生产线进行优化布局，提高生产效率，降低能源消耗，实现智能化生产**
- **可以模拟复杂机械装备的原理和工艺流程，帮助工人更好地理解和掌握操作技巧，提高工作安全性**

技术

通过高精度建模
实现逼真模拟

工艺

优化流程，
减少资源浪费，提升效率

材料

模拟助力选择，优化
虚拟环境，验证材质性能

设备

模拟实际运行、预测、维护
需求，提高生产效率

成效 提高了生产效率，降低了生产成本，提升了产品质量和可靠性

3. 国内外技术指标对比

（1）针对本项目的创新点，分别从国内技术、国外技术、本项目技术三个层面进行横向对比，并且给出对比结论，如国内先进、国际领先。

（2）以图表形式呈现，数据要客观、真实，可标注数据来源。

国内外技术对比

创新性强，整体技术达到国际领先水平

项目名称	技术指标	本项目	国内外产品最高技术	结论
XXXX空调	性能系数	2.2	5.5（XX品牌）	优于
XXXX空调	性能系数	2.2	5.5（XX品牌）	优于
XXXX空调	性能系数	2.2	5.5（XX品牌）	优于
	性能系数	2.2	5.5（XX品牌）	优于
	性能系数	2.2	5.5（XX品牌）	优于
	性能系数	2.2	5.5（XX品牌）	优于
XXXX空调	性能系数	2.2	5.5（XX品牌）	优于
	性能系数	2.2	5.5（XX品牌）	优于

7.3 知识产权与客观评价

知识产权与客观评价是项目申报过程中的关键支撑材料。发明专利可证明填补国内技术空白，形成技术壁垒保护；专家鉴定意见可证明研究的质量、可信度；查新报告可证明研究内容的唯一性和创新性；第三方机构的检测数据可作为数据可信度的佐证材料；国内外的官方媒体报道可证明研究内容的行业影响力。

下面从四个方面进行内容梳理及阐述。

1. 知识产权

授权专利XX项、专著XX部、高水平论文XX篇。

发明专利

共获得项目相关授权专利XX项，授权发明专利XX项，实用新型专利XX项

专利类别	名称	国家	授权号
发明专利	具体发明专利名称具体发明专利名称具体发明专利名称具体发明专利名称	澳大利亚	ZL1234567890
发明专利	具体发明专利名称具体发明专利名称具体发明专利名称具体发明专利名称	美国	ZL1234567890
发明专利	具体发明专利名称具体发明专利名称具体发明专利名称具体发明专利名称	澳大利亚	ZL1234567890
发明专利	具体发明专利名称具体发明专利名称具体发明专利名称具体发明专利名称	中国	ZL1234567890
发明专利	具体发明专利名称具体发明专利名称具体发明专利名称具体发明专利名称	中国	ZL1234567890
发明专利	具体发明专利名称具体发明专利名称具体发明专利名称具体发明专利名称	中国	ZL1234567890

论文及专著

共形成专著XX部；发表项目相关论文XX篇，其中检索论文XX篇

专著 / 论文题目	主编 / 通讯作者	出版社 / 期刊
具体专著名称具体专著名称具体专著名称具体专著名称	作者名称	出版社/期刊具体名称
具体专著名称具体专著名称具体专著名称具体专著名称	作者名称	出版社/期刊具体名称
具体专著名称具体专著名称具体专著名称具体专著名称	作者名称	出版社/期刊具体名称
具体专著名称具体专著名称具体专著名称具体专著名称	作者名称	出版社/期刊具体名称
具体论文名称具体论文名称具体论文名称具体论文名称	作者名称	出版社/期刊具体名称
具体专著名称具体专著名称具体专著名称具体专著名称	作者名称	出版社/期刊具体名称

2. 标准制定

制定国家标准和团体标准XX项，填补了该领域的理论空白。

标准规范

共形成材料标准与工艺规范XX项

序号	标准名称	编号	类型
1	具体标准规范名称具体标准规范名称	GB123-1234	国家标准
2	具体标准规范名称具体标准规范名称	GB123-1234	国家标准
3	具体标准规范名称具体标准规范名称	JTS123-1234	行业标准
4	具体标准规范名称具体标准规范名称	JTS123-1234	行业标准
5	具体标准规范名称具体标准规范名称	123-1234	团体标准
6	具体标准规范名称具体标准规范名称	123-1234	团体标准

3. 科技奖励

荣获国家及省部级奖励XX项。

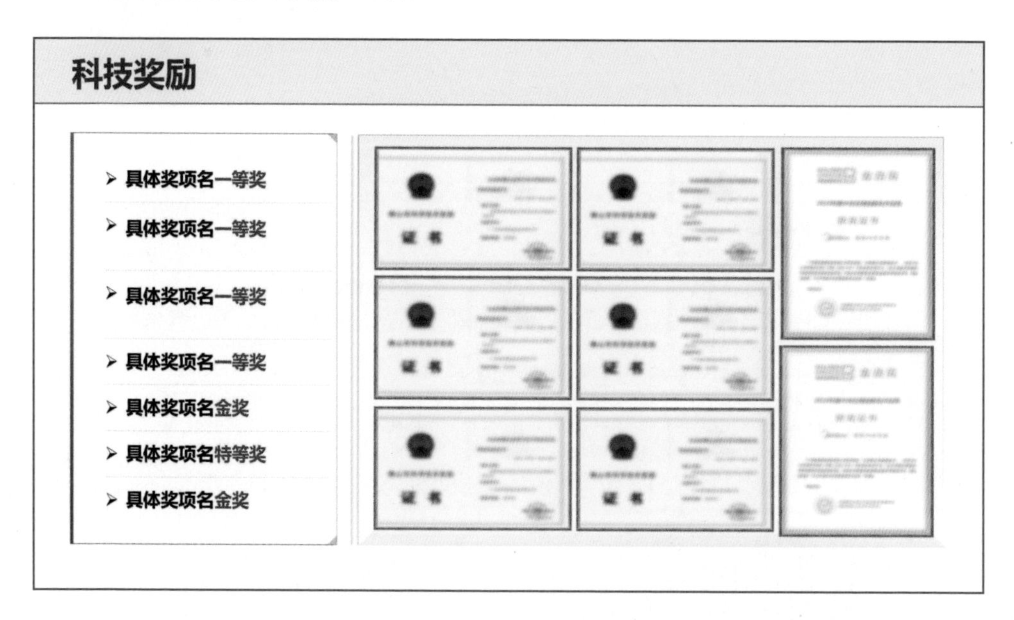

4. 客观评价

展示鉴定会结论与技术查新结论。

客观评价

附件3 专家组意见表

项目综合绩效评价专家组意见表

院士专家组评价及推荐

XXX科学研究院XXX院士专家组一致认为：

该项目圆满完成既定任务，同意通过验收：成果总体达到国际先进水平，具有创新性。

技术查新结论

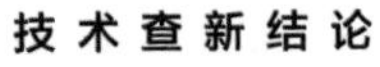

技 术 查 新 结 论

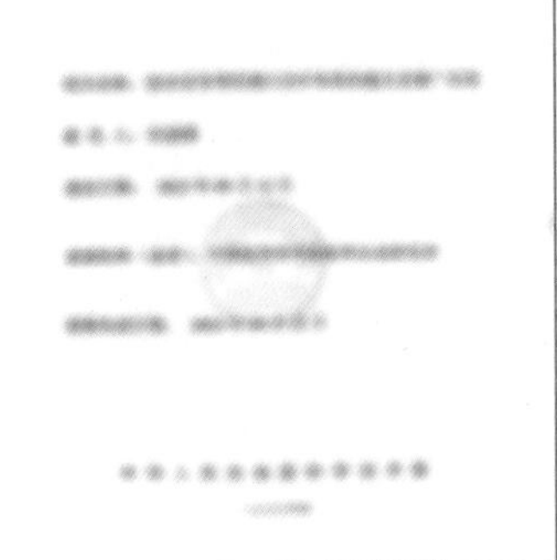

本项目创新点由XXXXXX信息研究所经国内外范围的检索查证，结果为

与国内外相关文献对比分析结论如下：

在上述检索范围内，未见与该课题研究内容和创新点相同的国内外文献报道。

—— XXXXX信息研究所

7.4 推广应用与社会效益

研究成果的推广应用与社会效益能体现研究成果在实际生活中的贡献和价值，能明确研究项目如何解决了哪些实际问题或改善了现有技术、产品或服务。在推广应用与社会效益的内容设计上，需要强调该研究项目对社会或经济产生了哪些积极影响，如经济增长、行业进步、人才培养、资源可持续、社会公益等。

下面从六个方面进行内容梳理及阐述。

1. 推广应用

从项目推广应用覆盖程度进行阐述，包括两个方面。

（1）覆盖全国XX个省市XX家单位，服务XX人。

（2）在多项国家重大项目中发挥突出作用。

推广应用

➢ 该技术已成功覆盖XX个省份，服务XXX余家企业。

➢ 截至2023年年底，全国已有超过80%的发电厂采用了XXXXXX技术，累计减排烟尘、二氧化硫、氮氧化物等污染物超过500万吨/年。

减少污染物排放量，吸引更多绿色投资和技术合作，推动国家经济健康发展

2. 代表工程

列举部分代表工程的应用。

示范工程

生物技术在污水处理中的应用

- 项目设计、施工节省工程投资约XXXX万元
- 应用废水处理技术后，XXXX发电厂的废水排放量可减少30%~50%，每年可减排废水约10万~15万吨；二氧化硫和氮氧化物排放量可减少65%~80%，每年可减排二氧化硫约3200吨

成果应用证明

效益证明

应用效果图

3. 促进行业进步

组建研发与产业化平台XX个，行业影响力不断扩大。

4. 经济效益

近三年直接经济效益XX亿元，列举具体工程、对应金额及合同等证明。

经济效益

- **近三年应用企业累计创产值 XXX亿元**
- **近三年累计新增利润 XXX亿元**

年份	新增产值/万元	直接经济效益/万元		
		新增利润	新增税收	节支总额
2021	135,000	35,000	500	12,500
2022	268,000	65,000	900	32,650
2023	670,000	96,000	1,300	36,900
累计	1,073,000	196,000	2,700	82,050

经济效益

XXX亿元	XXX亿元	XXX亿元	XXX亿元
应用企业新增产值	直接经济效益	间接经济效益	节支总额

年份	新增产值/万元	直接经济效益/万元		
		新增销售额	新增利润	节支总额
2021	XXXXX	XXXXX	XXXXX	XXXXX
2022	XXXXX	XXXXX	XXXXX	XXXXX
2023	XXXXX	XXXXX	XXXXX	XXXXX
累计	XXXXX	XXXXX	XXXXX	XXXXX

5. 社会效益

建立完整的“产学研用”产业链，培育XX家企业，创造XX个就业岗位，培养人才及科研梯队情况。

6. 项目总结

从创新成果、推广应用、社会效益三个方面进行总结。

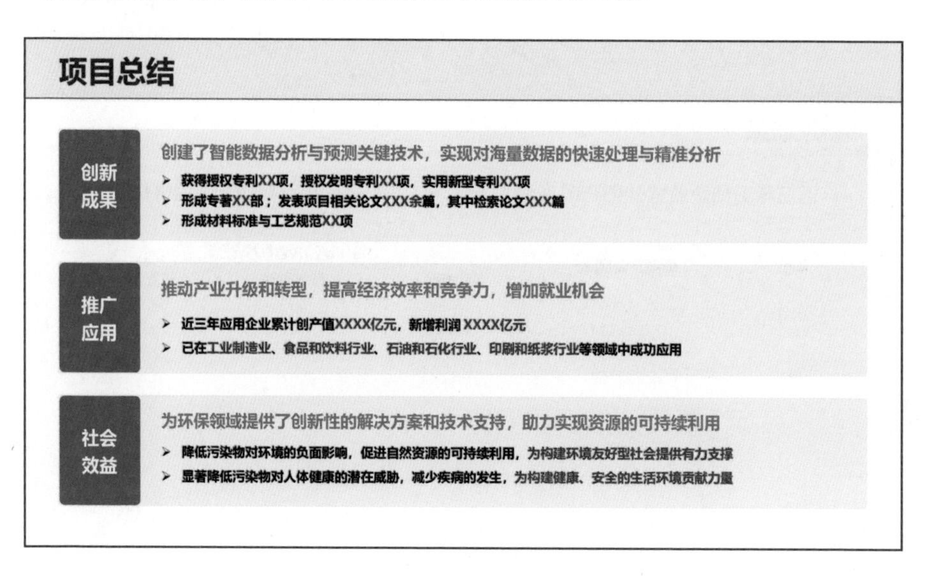

7.5 案例：高校重大赛事申报类PPT

我们这里用来举例的高校重大赛事是中国国际“互联网+”大学生创新创业大赛，它由政府与教育部、各高校共同主办。大赛旨在深化高等教育综合改革，激发大学生的创造力，培养“大众创业、万众创新”的主力军；推动赛事成果转化，促进“互联网+”新业态形成，以创新引领创业、创业带动就业。

通常，制作中国国际“互联网+”大学生创新创业大赛的PPT非常注重科技感。

为什么这么说呢？因为中国国际“互联网+”大学生创新创业大赛是一个展示创新思维和科技应用的重要平台，而科技感能够很好地体现这些创新和应用的未来感和前瞻性。

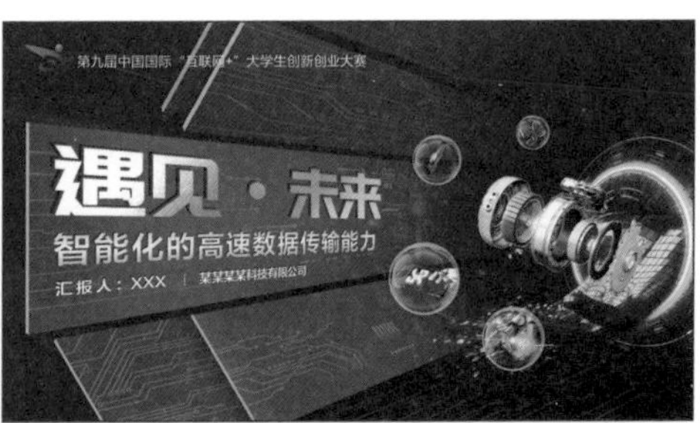

中国国际“互联网+”大学生创新创业大赛PPT的内容到底该怎样制作呢？如何通过PPT将自己产品的优势、商业模式等表达出来并表达清楚呢？可以从以下六个方面入手。

1. 项目背景

（1）政策背景。

- 相关国家政策鼓励文件提供发展契机。
- 社会问题导入：列举问题情境、案例报道、数据证明，突出解决问题的社会意义重大。

（2）市场分析。

- 市场概述：描述目标市场的规模、特点、发展趋势，证明其市场前景广阔，商业价值高。
- 市场需求和痛点 ：有理有据地从政策、市场、行业、技术、用户等方面进行分析。
- 市场竞争态势：将自身与竞争对手作比较，分析竞争对手的优势和劣势。

2. 解决方案和产品

（1）产品详细介绍。

- 产品详情介绍：包括型号、售价、特性、操作方法、应用领域等。
- 产品核心技术介绍：包括产品运行的底层逻辑、原理，运用什么功能，产生什么效果。

（2）优势分析。

- 技术优势：专利、论文、科研等，国际与国内排名。
- 产品性能检测，产品竞争优势分析。

3. 商业模式及盈利

- 阐述以产品技术为核心建立起来的商业逻辑，针对目标用户群，采用的有效落地营销方式。
- 产品的研发、生产、市场、销售等相关策略。

- 用数据表明目前在研发、销售等关键环节得到的成绩。

4. 运营成果展示

- 营收、用户数量、利润。
- 荣誉认可（国家级、省级奖项，媒体报道，企业推荐）。
- 社会效益（带动多少人就业，解决问题的效果数据化呈现，包括减少损失、降低能耗、扶贫创收等数值）。

5. 团队成员及介绍

- 团队成员组成、分工，主要成员的背景和特长。
- 团队优势。

6. 资金需求及用途

- 目前的估值，现阶段的财务状况。
- 未来的财务预测、融资计划、稀释多少股份、用在哪里、达成什么样的目标。

7.6 网评PPT内容和路演PPT内容的区别

1. 网评PPT内容

网评PPT是商业计划书的精简版展示，让评委直接关注项目的亮点。

2. 路演PPT内容

- 在内容上不求全面，但求精炼，不建议直接使用网评PPT作为路演PPT。
- 5分钟的路演时间，展示的一定是项目最核心的内容，要结合精美的排版设计。
- 中国国际“互联网+”大学生创新创业大赛路演PPT页数一般为16~20页。

附录 A
常用工具

提 高 项 目 实 施 效 率

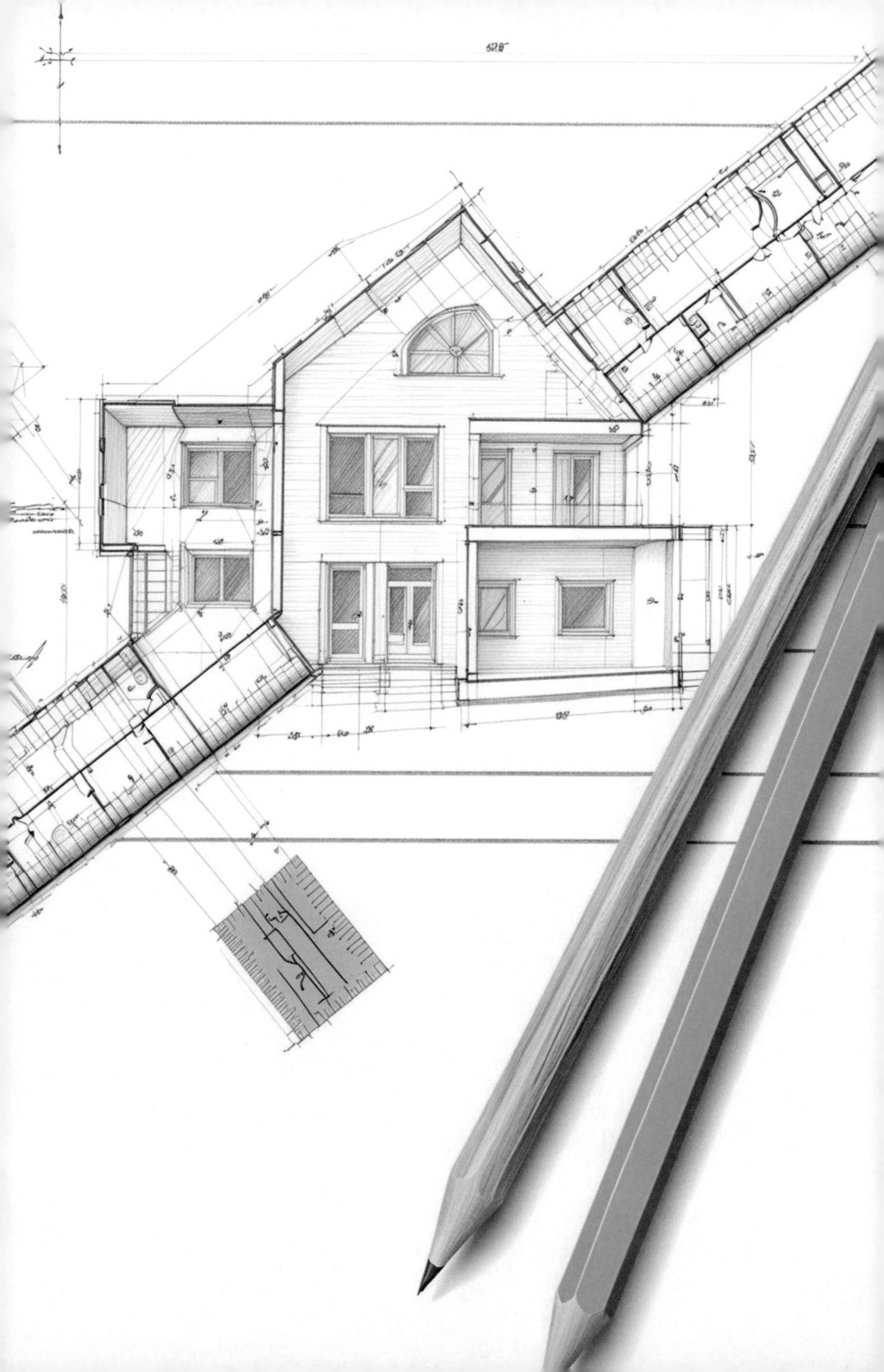

1. iSlide

PPT插件工具中非常受欢迎的一个工具是iSlide，为什么它如此受欢迎？

iSlide是一款专业且强大的PPT设计辅助工具，能为用户提供丰富的设计元素和便捷的操作，帮助用户快速、高效地打造出色的PPT。

一键优化：一键操作统一PPT格式，可以一键统一字体、段落、智能参考线和色彩。

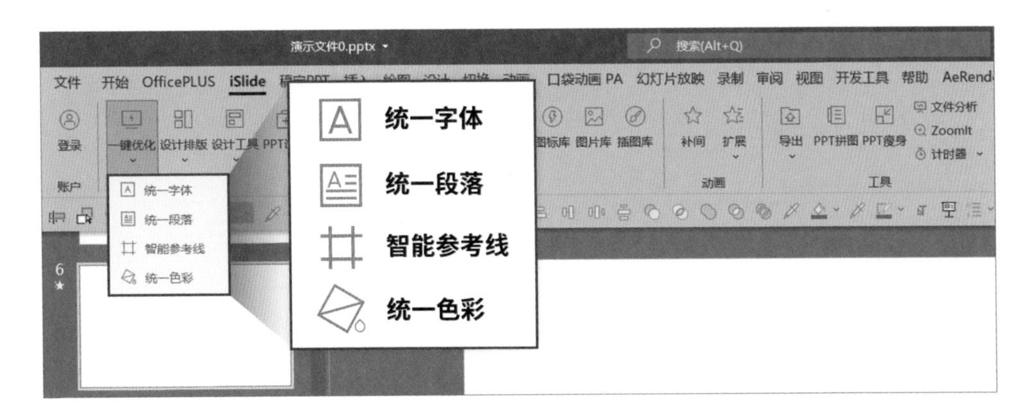

PPT瘦身：可以压缩PPT文件的大小，同时删除不需要的版式、动画、备注等，减小文件大小，加快文件打开速度。

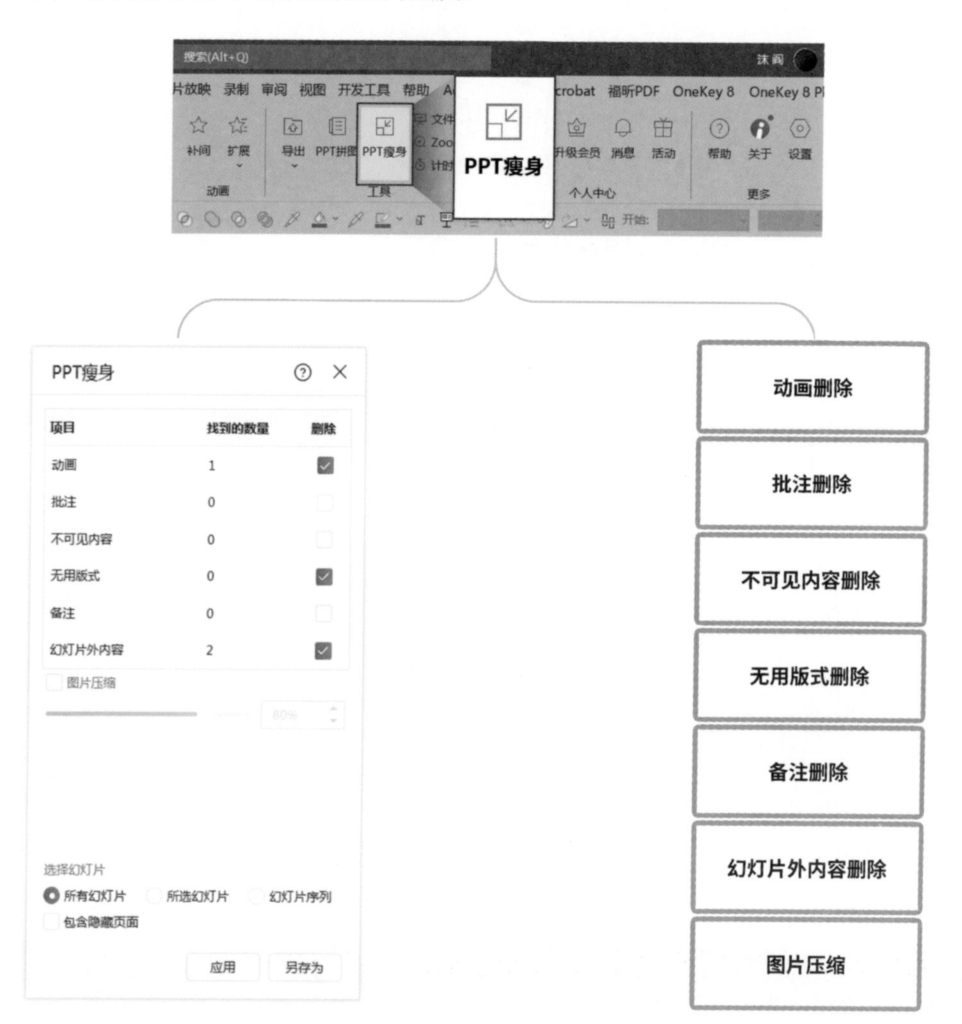

增删水印：对所有页面/所选择的页面一键增加或删除水印，可在PPT相同的位置批量添加Logo。

导出：可以将PPT另存为全图PPT，即PPT全是图片的格式，不能进行编辑。除此之外，还可以将PPT直接导出为图片或MP4格式的视频，以及将PPT中的字体打包导出。

2. AU音频剪辑软件

AU音频剪辑软件是一款专业的音频编辑软件，可以对音频进行剪辑、分割、修剪和混音。在轻松地调整音频片段的长度、删除不需要的部分的同时，能够创建平滑的过渡效果，满足音频制作过程中的各种需求。

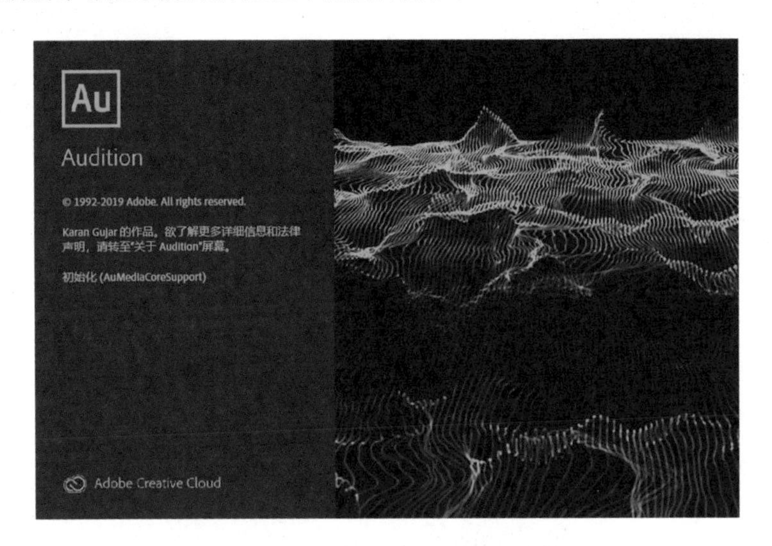

剪辑功能：在AU音频剪辑软件中，可以对音频进行剪切、复制、粘贴、删除等操作，可以对音频进行分割和拼接，对有问题的片段采用替换片段等方式修改错误。

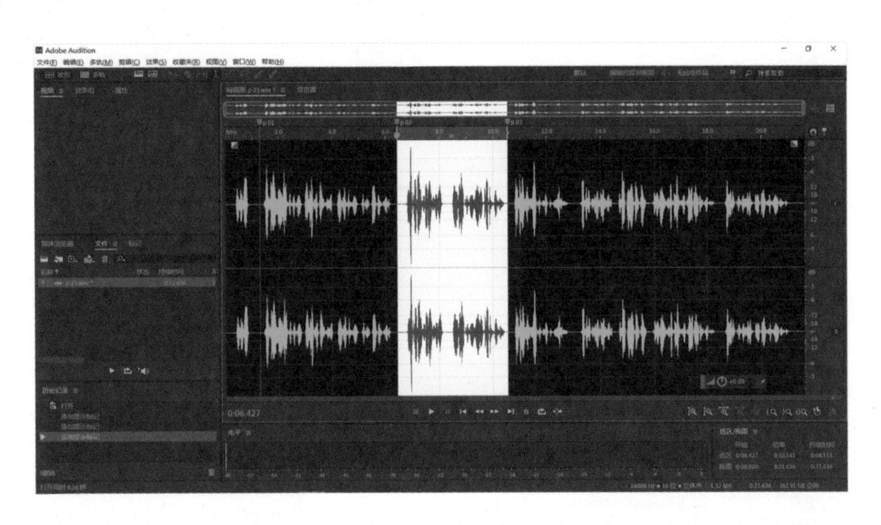

降噪功能：在AU音频剪辑软件中可以对音频进行各种处理，如降噪、消除杂音、增强音质等，具体步骤如下。

第一步：选中噪音部分，单击鼠标右键，在弹出的快捷菜单中选择“捕捉噪音样本”选项。

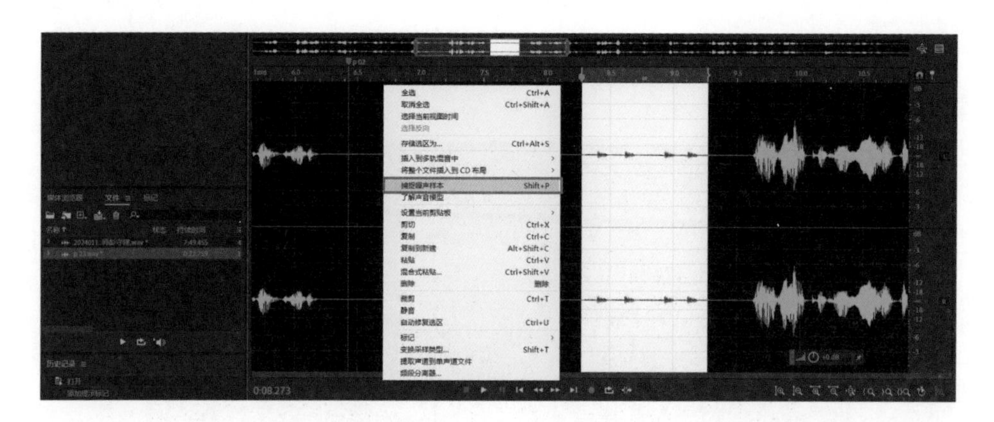

第二步：单击“效果”→“降噪/恢复”→“降噪（处理）”命令，打开降噪处理页面。

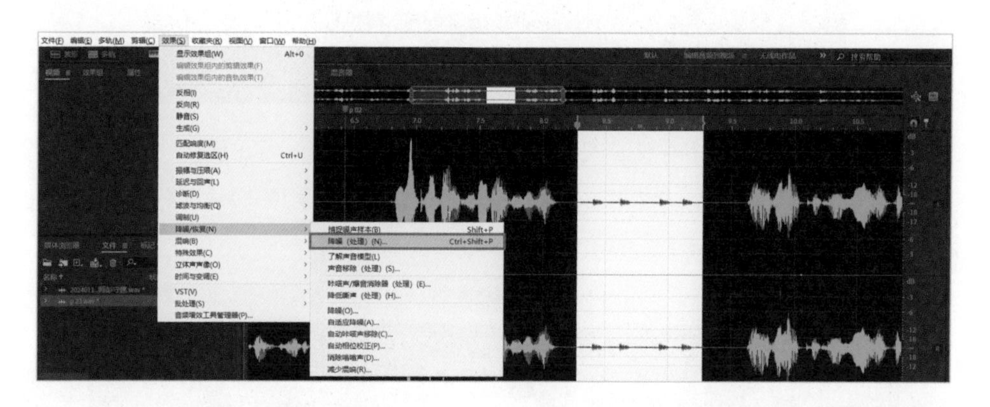

第三步：单击“选择完整文件”按钮，最后单击“应用”按钮，完成降噪处理。

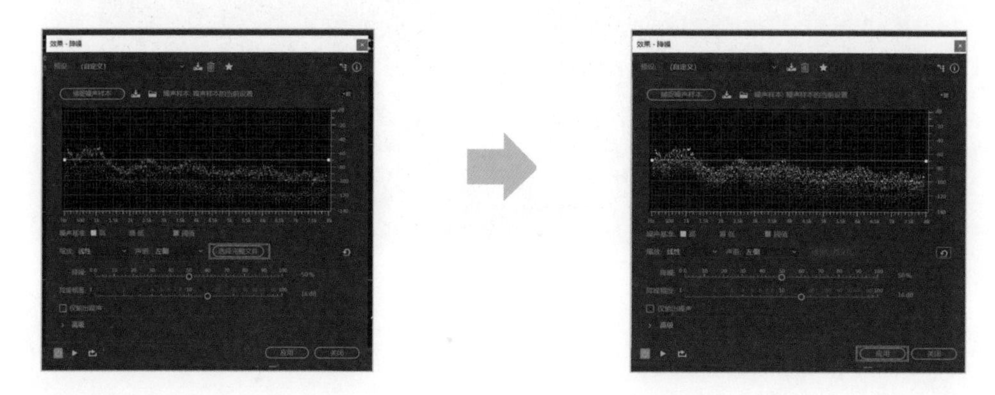

音频剪辑后分片段输出：通过添加标记，将音频文件按照PPT页码分段剪辑，并快速导出为片段文件。例如，PPT有30页，可使用此功能将完整音频剪辑为30个对应PPT的片段。具体操作步骤如下。

第一步：添加标记后，单击左侧“标记”窗口，全选标记后单击按钮。

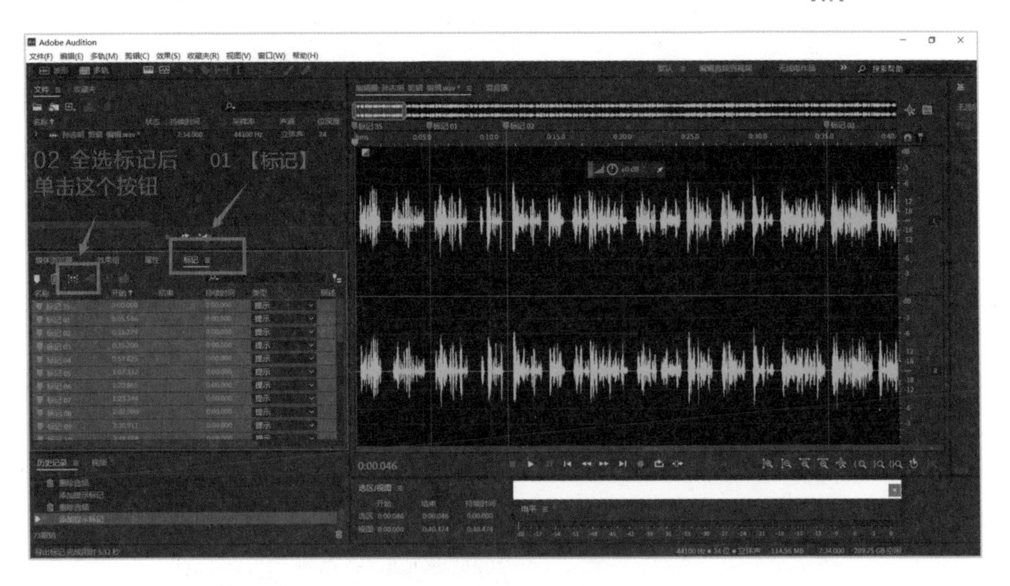

第二步：单击按钮后，所有标记点变为时间段。

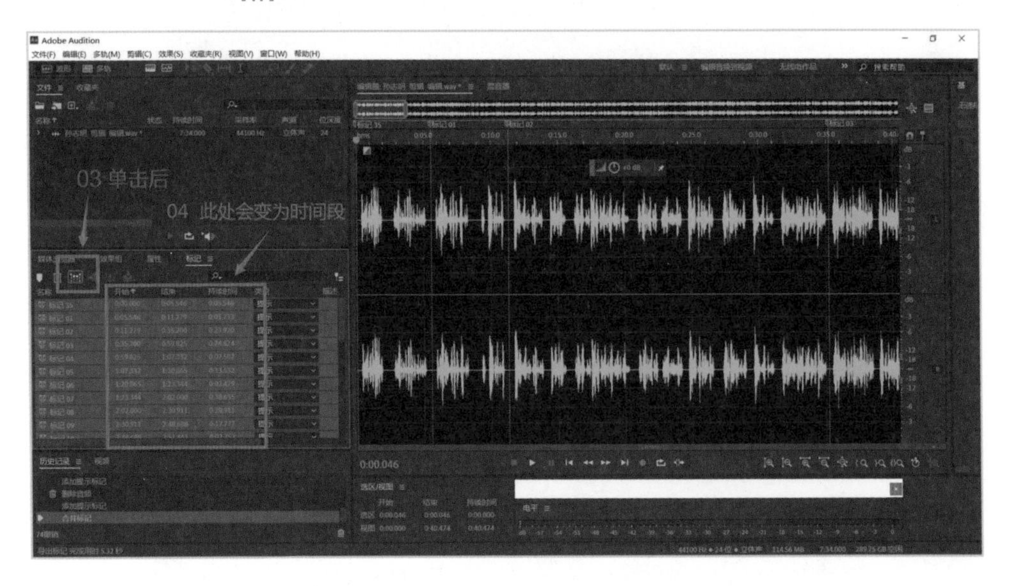

第三步：再次全选标记，单击 按钮导出全部文件。

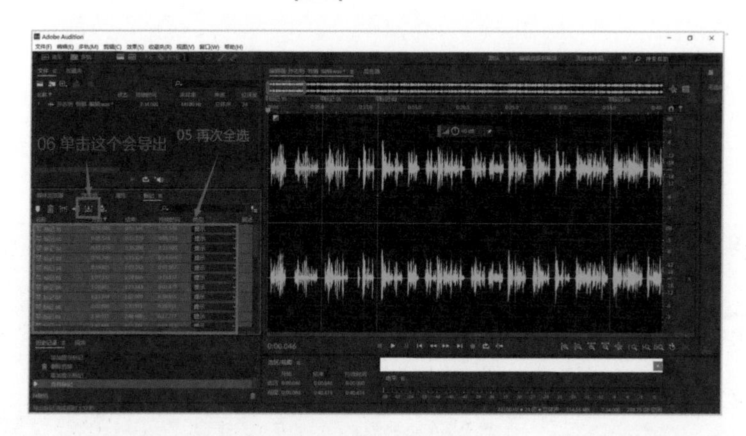

第四步：在弹出的窗口中可以批量增加文件名前缀，并设置文件保存位置。

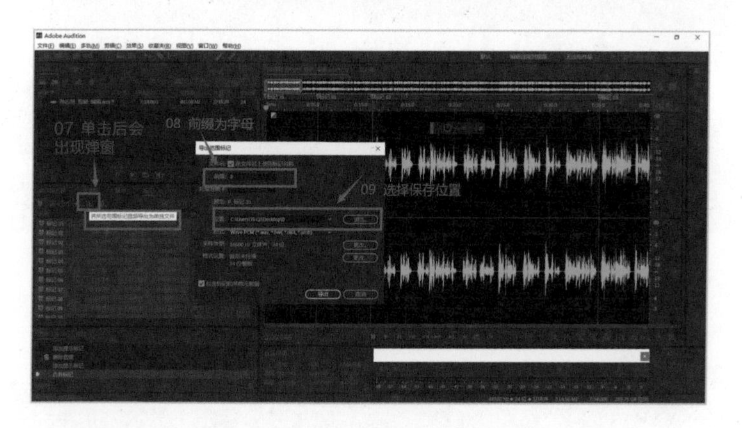

第五步：完成设置后，单击“导出”按钮保存文件。

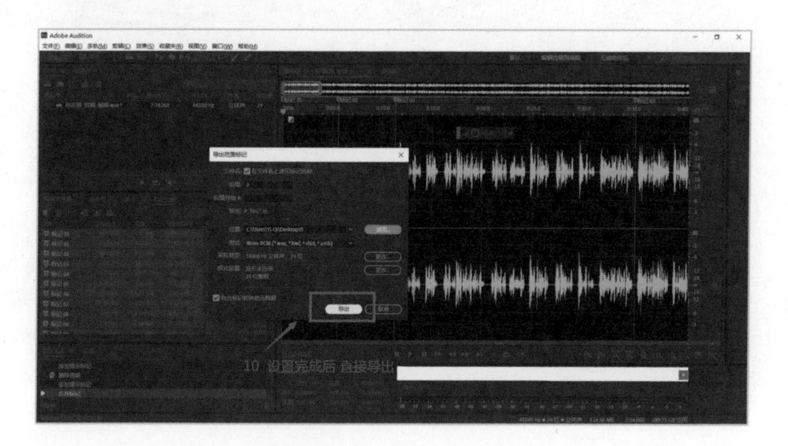

3. 自定义插件 – 快速访问工具栏

文件“导入/导出”的具体操作步骤如下。

第一步：单击左上角的“文件”→“选项”命令，在弹出的对话框中选择“快速访问工具栏”。

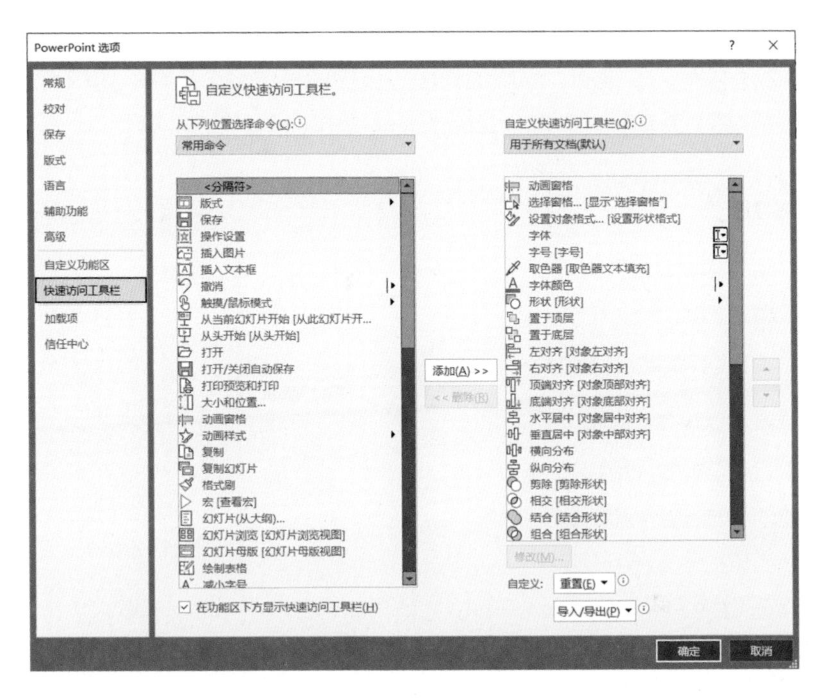

第二步：单击对话框右下角的“导入/导出”下拉按钮，在弹出的下拉菜单中选择“导入自定义文件”选项。

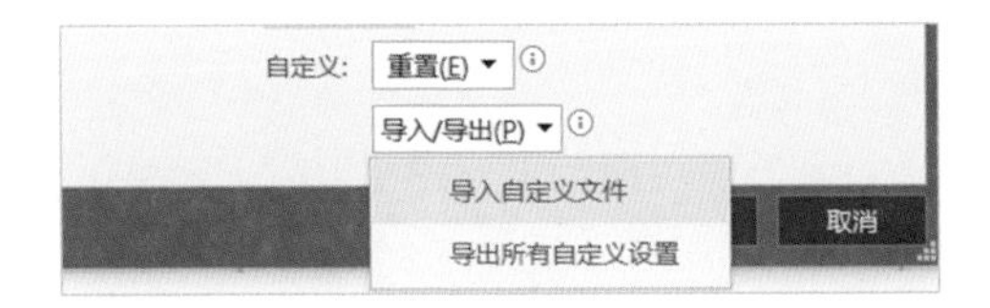

第三步：选择绎奇自定义文件，确认导入后，在弹出的对话框中单击“是”按钮。最后单击“确认”按钮即可。

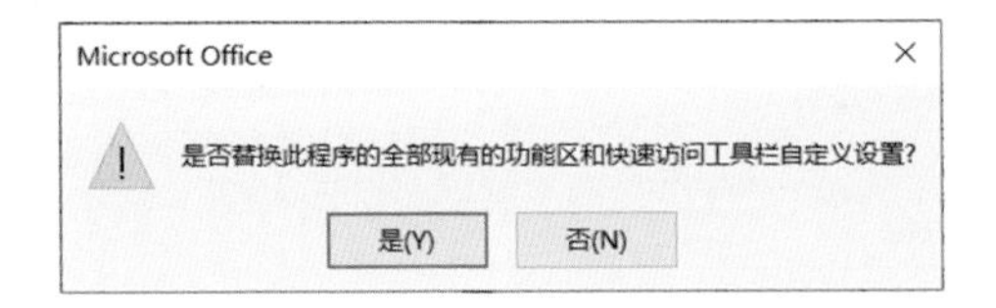

4. 思维导图工具

（1）内容逻辑转换。

思维导图工具可以帮助用户在制作PPT前将混乱的思维和信息进行整理、分类、关联和优化，以结构化的方式展示具体的内容。

通过思维导图工具还可以轻松地从一种结构转换到另一种结构。例如，从思维导图转换为鱼骨图、二维图、组织结构图等。借助思维导图工具，用户可以根据不同的需求和场景，方便地调整和优化内容的结构和逻辑关系。

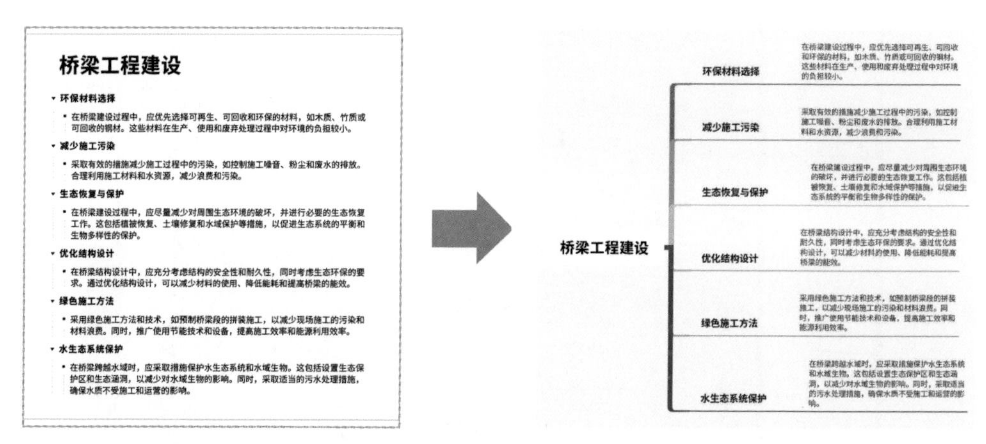

（2）超链接。

使用超链接能极大地提高工作效率和便携度，不管是收集和整理网络上的信息，还是管理本地的文件，使用超链接都能在单击后带你到想去的文件位置。

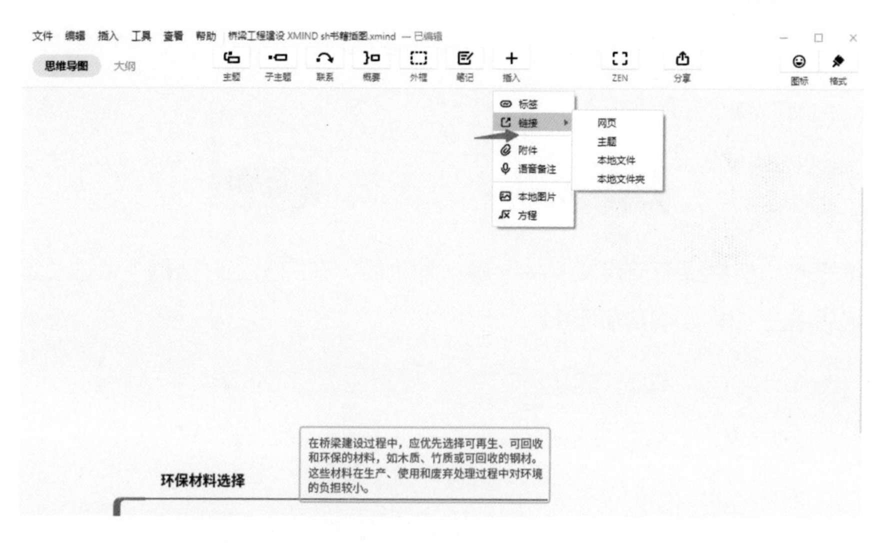

（3）语音备注。

通过语音备注功能可以更快速地为主题进行注解，节省用户文字输入的时间。当用户置身各种会议、头脑风暴、讲座等场景中时，若在进行即时文字输入时没有办法快速捕捉演讲者的信息，则可以直接使用语音备注功能。

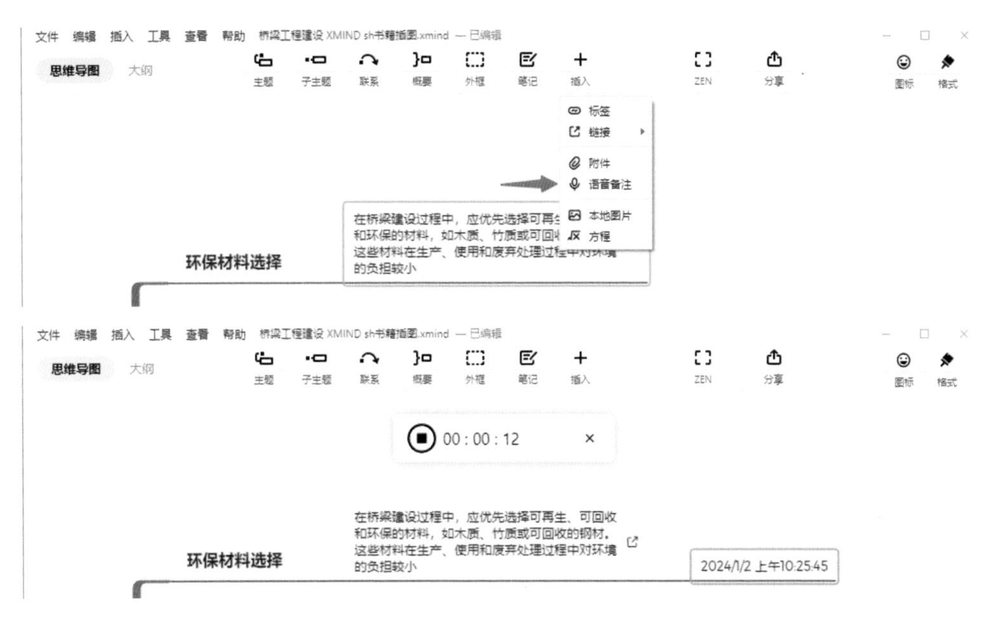

（4）多种文件类型导出。

该功能支持多种文件类型导出，让用户分享思维导图不受限制，它支持导出PDF、Markdown、Excel、Word、OPML、TextBundle 等文件类型，满足各个导出场景的需求。

反侵权盗版声明